拉面的故事

ラーメンの誕生

Tetsu Okada

[日] 冈田哲 —————— 著

彭 清 —————— 译

贵州出版集团
贵州人民出版社

图书在版编目 (CIP) 数据

拉面的故事 / (日) 冈田哲著；彭清译 . -- 贵阳：
贵州人民出版社, 2022.11
ISBN 978-7-221-17306-5

I. ①拉… Ⅱ. ①冈… ②彭… Ⅲ. ①面食－饮食－
文化史－日本 Ⅳ. ①TS971.203.13

中国版本图书馆 CIP 数据核字 (2022) 第 182063 号

RAMEN NO TANJO

By Tetsu Okada

Copyright © Masaaki Okada, 2019
Original Japanese language edition published by Chikumashobo Ltd.
This Simplified Chinese language edition published by arrangement with
Chikumashobo Ltd., Tokyo in care of Tuttle-Mori Agency, Inc., Tokyo.
Simplified Chinese translation copyright © 2022 by United Sky (Beijing) New Media Co., Ltd.
All rights reserved.

著作权合同登记号 图字:22-2022-081 号
审图号:GS 京 (2022) 0753 号

拉面的故事

[日] 冈田哲　著
彭清　译

选题策划	联合天际·文艺生活工作室
出 版 人	王　旭
责任编辑	唐　露
特约编辑	张雪婷　刘小旋
装帧设计	碧　君
美术编辑	梁全新

出　　版	贵州出版集团　贵州人民出版社
发　　行	未读（天津）文化传媒有限公司
地　　址	贵州省贵阳市观山湖区会展东路 SOHO 公寓 A 座
邮　　编	550081
电　　话	0851-86820345
网　　址	http://www.gzpg.com.cn
印　　刷	天津联城印刷有限公司
经　　销	新华书店
开　　本	787 毫米 ×1092 毫米　1/32　7 印张
版　　次	2022 年 11 月第 1 版　2022 年 11 月第 1 次印刷
I S B N	978-7-221-17306-5
定　　价	58.00 元

关注未读好书

未读 CLUB
会员服务平台

本书若有质量问题，请与本公司图书销售中心联系调换
电话：(010) 52435752

目录

序　章　拉面的魅力和不可思议之处 /1

拉面的魅力 /1　东西方的小麦粉饮食文化 /3　制面的五种方式 /5　拉面
的不可思议之处 /6

第一章　中国面食的发展小史 /11

探寻日本拉面的起源 /13　中国人对面食的执念 /14　获取面粉变得
更简单 /15　将面团拉成细长条状的智慧 /17　细长面条与长寿的
关系 /19　多彩面食的发展 /20　中国人的吃面方式 /23　碱水对中国面
食的影响 /26　面的故乡：中国北部的山西 /27　知名面食不断涌现：中
国南部的广东 /29　制面方式的确定 /30

第二章　日本面食文化漫步 /35

日本独有的面食 /37　面的传入及发展方向 /37　日本面食文化的独
特性 /39　唐果子的传入 /43　手拉素面的发祥 /44　素面的吃法 /47
乌冬面的发祥 /49　乌冬面的吃法 /53　荞麦切的发祥 /54　关东、关西
口味的差异 /56　荞麦面的吃法 /61　拉面"迟到"之谜 /63

第三章 日本拉面的萌芽 /65

日本拉面诞生前夜 /67　江户时代中国面食的尝试 /67　三个难关 /69　使羊羹和风化的惊人技术 /71　冲绳荞麦面的由来 /72　横滨的居留地和华侨 /73　长崎的强棒面、炒乌冬面 /76　浅草六区的来来轩 /79　札幌的竹家食堂 /81　喜多方拉面的发祥 /84　大正年间的中式饮食潮 /85　东京的唢呐 /87　关东大地震之后 /90　在吃茶店吃拉面 /91　日本拉面的萌芽 /93

第四章 从烹饪书看拉面的变迁 /95

容易混淆的名称 /97　明治时代后期的鸡乌冬面 /98　大正时代初期的咸猪肉汤面 /98　军队烹饪法 /99　山田政平登场 /100　吉田诚一的活跃 /104　夜晚的荞麦面摊 /105　"ラーメン"这一名称的初现 /109　中式面食的吃法 /113

第五章 探寻拉面的魅力 /115

第二次世界大战之后 /117　中国东北的荞麦面 /118　难以确定的拉面起源 /119　"ラーメン"的语源说 /121　日本拉面的特征 /123　叉烧、笋干、鸣门卷 /126　装拉面的大碗 /128　拉面的吃法 /129　从日本荞麦面中吸收技术 /129　拉面之城札幌 /133　被拉面俘获的人们 /140

第六章　属于世界的日本拉面 /145

速食食品时代的到来/147　向全新的面食文化发起挑战/147　鸡汤拉面的诞生/151　划时代的杯面/153　在"筷子文化圈"发展起来的面食/159　朝鲜半岛的面食文化/161　东南亚的面食文化/165　中亚的面食文化/167　从国民食物到国际化食物/168　世界各地是如何接受速食拉面的/172　速食拉面创造的辉煌成绩/173

第七章　讲究的味道·让人上瘾的味道 /177

当地拉面的发祥/179　讲究的九州拉面/180　当地拉面总览/183　这样的店才好吃/187　毕生致力于制作拉面的人/188

终　章　拉面和日本人 /191

拉面和日本人/193　尚未提及的事/195　21世纪的日本饮食/197　结语/198

拉面在面向家庭的烹饪书中的变迁 /200

拉面年表 /206

参考文献 /209

序章　拉面的魅力和不可思议之处

拉面的魅力

拉面[①]是日本人创造的一种中式和食面料理。恐怕没有别的食物如拉面一般，在拥有不可思议的历史的同时，又满溢着平凡的魅力。对普通大众来说，拉面的魅力到底是什么呢？比如，肯定常常有人在吃了难吃的拉面之后心里泛苦，想着"真糟糕啊"。就连堪称吃货的笔者，也常有此经历。可是，在吃到口味恰合自己喜好的拉面时，那种饱腹感和满足感又是从何而来的呢？

举一个我身边的例子吧。六七年前，在千叶县习志野市的某个私营地铁站附近，有一家小拉面店开张了。店里有四张桌子，五六个柜台座席，店面不大，也说不上特别整洁。我每天散步都会路过那里，虽然透过窗子能看见店里没什么客人，但我也时常关注着它。两三年前，店门口竖起了三面鲜艳的旗子，红色的底上印染着白色的拉面，十分勾人食欲。在这之后，情况慢慢开始转变，还没开始营业就已经有客人在店门口排队了。"若是以赚钱

---

① 原著中以日语的"ラーメン"（罗马音：ramen）来表示诞生于日本的、在中国面条基础上再创造的"和食化"的日本拉面。本书中的"拉面"一词，随具体语境的变化，可能指日本拉面、中国拉面，或拉面这一大种类的面。——编者注

为目的，我是不会开这家一直让人神经紧绷的拉面店的。"这是一直埋首于拉面中的绀野富夫说的话，而前面提到的这家店正是他开的"北习大胜轩"。

店主是一个热衷钻研的人，此前在东京的热门店铺学习技术。醇厚的肉类高汤，鲜香的海鲜类高汤，清甜的蔬菜类高汤，经过一整天熬制而成的味道丰富的汤底；软糯爽弹的手工粗面；无添加的酱油；柔软的厚切煮猪肉片；等等，店主在制作拉面的过程中持续不断地倾注着热情。店主对食物的讲究也抓住了食客的心，店里的客人逐渐多了起来。有许多食客专程从外地赶来，只为一品这家店独有的拉面。排队时快要轮到自己的话，内心就会变得紧张忐忑起来，这也是热门店铺独有的一种魅力吧。

实际上，在日本有不少像这样的热门拉面店铺，食客们在不知不觉间也为各色拉面而倾倒。而"拉面通"或是特别喜欢吃拉面的人又是怎样的呢？不论是下雨还是降雪，不论等待多长时间，他们只为这一碗拉面。吃完后产生的"今天也吃拉面了"的充实感会立刻转变成是否要再来一碗的纠结。拉面的魅力给普通民众的生活带来了某种满足感。旺盛的创作欲望、令人认可的味道、从不偷工减料——这些热门店铺的店主都具有真挚的匠人品质。食客的胃可以感受到料理人的心意。有人评论说："拉面是日本人用心制作的料理。"那么，日本拉面是在何时、何地，由谁创作出来的呢？

东西方的小麦粉饮食文化

拉面中有许多充满魅力的谜团，就让这本书来为大家解释清楚吧。现在，我想稍微绕点远路，先说说东西方的小麦粉饮食文化。

一碗拉面由面、汤底和配菜构成。面的主要原料当然是小麦粉。小麦粉由小麦做成。在神话世界中，小麦是众神的恩赐之物。世界各地都有谷物女神登场，由谷物女神创造出以小麦为代表的五谷。小麦原产于中亚的高原地带，据说人类栽培小麦的历史可以追溯到一万年前的新石器时代。人类用漫长的时间找到了将小麦制成小麦粉的方法。之后，人们用小麦粉做面包、面条、点心等，将小麦粉作为食物原料，人们想用小麦粉创造出更多食物而产生的执念更是长久不灭。

将小麦加工成小麦粉的难度即可证明这一点。让我们来比较一下稻米和小麦。稻米的外壳很容易剥除，更靠近内层的糠剥离起来也不难。即使将带着糠的糙米直接烹煮也能享受美味。但是小麦呢？小麦的构造如同螃蟹一般，虽然里面的胚乳很柔软，但外面的皮层很硬，而且中间还有纵向的深沟，因此要给小麦去皮并不容易。为了突破这层坚硬的外壳，人类费尽心思、不断努力，终于有了现在的逐步研磨法。

如**图1**所示，将一粒小麦放入轧辊式粉碎机中粗碎成几块，然后在滑面滚轮中，进一步取得小麦的胚乳部分。之后，小麦每

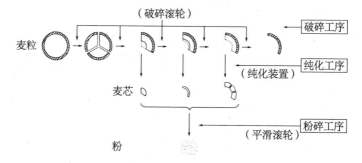

图1　阶段式制粉工序
资料:《小麦粉的故事》制粉振兴会

经过一次滚轮,就需进行一次筛别和纯化工序,将麸皮和粉分离开来。在这种智慧的积累被机械化之前,很长时间内,人类都将小麦粉视为一种珍贵的食材。

往小麦粉里加水揉捏,面粉中的蛋白质会膨胀,像口香糖一样粘连在一起。这是由麸质形成的一种不可思议的自然特性,米粉和玉米粉都不具备。世界各地的民族,受各自的历史、文化、宗教、地域、气候、风土等因素的影响,构建出了独特的小麦粉料理。

在这些小麦粉料理中,面包和面条对小麦粉烹饪加工工艺的进步做出了巨大贡献。在公元前4000年左右已经出现了名为"galette"的未发酵的硬面包,此外,古埃及人进一步巩固了发酵面包和未发酵面包的基础。经历了六千年岁月的面包,如今为我们所享用。另外,在古代中国,将面团揉细拉长的技术也使独特的面食文化得以大放光彩。人类对食物不断探索的足迹,不知不觉就与众多埋头研究拉面的料理人的身影，奇妙地重合在了一起。

制面的五种方式

让我们继续聊做面。在石毛直道所著的《面条文化的起源》一书中，根据把面团做成细长面条的不同方式，将面条大致分为五种，分别是：手工拉面、手拉素面、切面、挤压面和河粉。

"手工拉面"不使用任何工具，仅以手拉的方式，加入盐和碱水进行制作，多见于中国的山东、山西和陕西，本书中经常出现的拉面就属于这一种；"手拉素面"是一开始就先在面粉中加入米粉，后涂油，边涂油边用工具将面拉抻长，多见于福建；"切面"是用擀面杖将已经加了盐的面团擀薄，再用刀切，是一种可大量制作的面，这也是最基础的切面，中文里就写作切面；"挤压面"是由于原料粉的性状无法形成面筋，加入淀粉使其具有黏性并进行挤压，挤压出细长条状后立即放入热汤中煮熟，这也是一种制作面条的方法。另外还有用米做成的米粉、用荞麦粉做成的饸饹面、用绿豆粉做成的粉丝、朝鲜半岛的冷面和意大利的意面；"河粉"是将粳米浸泡在水中，用独特的方法制成粉皮，是一种以米为原料的切面。

拉面的不可思议之处

话题好像绕得有些远了，让我们再次把目光聚焦到拉面上来吧。在开头的部分，我已经提到了拉面之于日本人的魅力所在。但从饮食文化的角度来看，拉面中其实蕴含着很多不可思议之处，可概括为以下三点。

第一个不可思议之处就是，像拉面这样的面食迟迟才在日本出现。源于中国的面食的做法和吃法最早是在奈良到平安时代初期以唐果子的形式传入日本的。此后，经过一千四百年才发展出日本独特的面食文化，如素面、乌冬面、荞麦面等。想必在此期间，日本国内也对使用了大量酱油的中国面食多有介绍。但一直到江户时代，人们喜欢的还是关东的荞麦面、关西的乌冬面，也就是以酱油为主要调味料的清淡食物。这期间几乎难以见到中国面食的身影。明治维新的到来，打破了日本延续一千二百年的肉食禁忌传统，普通民众开始喜欢上牛肉锅、寿喜烧、西餐等，但那时，拉面这样的食物还是没有出现。这又是为什么呢？

第二个不可思议之处是，第二次世界大战后，饺子和面食等食物由从中国撤回的日本人再次带入日本，并在短时间内风靡日本。当时的中华荞麦面在战后的日本饮食文化中发挥了重要作用。

最后一个不可思议之处是，现在全世界的人都在吃拉面。面食原本是以"筷子文化圈"的中国、日本、朝鲜半岛为核心的东方食物。细而长的面条，如果不用筷子的话很难夹起来。但速食拉面①的出现使拉面在极短的时间内征服了以刀叉进食的欧美圈，并在全世界得到广泛普及。一个本应具有强烈民族保守性的食物在这个过程中发生了什么样的变化？如前所述，除了拉面之外，没有其他日本食物能以这种方式被世界各地所接受。

本书的内容，以日本拉面在其诞生、受到追捧（具有国民性）到成为世界性食物的过程中所展现出的魅力为轴，展开讲述其中蕴含的不可思议之处，并试着发现日本人在饮食上的思考方式。我将冗长的叙述过程划分为几个部分，第一章首先概括了中国面食的历史，这也是面食这条漫长发展道路的前提。序章之后附有中国和日本的概略历史年表，希望能作为参照，说不定其中有探寻日本拉面起源的方法。在第二章中会谈到制面技术由中国传入日本，经过一千四百年时间在日本形成独特面食文化的过程。第三章和第四章介绍的是日本拉面从萌芽到诞生的变化过程，并穿插各种逸事，到时将会有许多对拉面抱有一腔热血的前辈登场。第五章，将从各种角度进一步解析拉面的魅力。第六章将探寻诞生于日本的速食拉面为何在全世界得到普及。第七章将会回顾各地不同的拉面，以及当地拉面受欢迎的秘密和当地人偏爱的味道。

在进入正文之前，需要预先告知的是，在论述日本拉面诞生的历程时，为了尽可能正确地划分年代历史，我有意识地采用南

---

① 日文是インスタントラーメン，在中国被称为方便面、泡面。——编者注

京荞麦面→支那荞麦面→中华荞麦面→拉面这样的称呼。但是，像"支那料理""支那荞麦面"这样的表述，还残留着历史中的糟粕，因此在本书①中将用日文片假名"シナ"代替汉字"支那"。此外，在不同年代的烹饪书中，同样的词语有的写成汉字，有的写成片假名，还有的用中文读法注音，这样的情况处处可见。本书为了忠实于原典，尽量不做任何加工处理，以让读者了解时代的变迁。另外，对食物创造者、创业者的人名及相应的日期也有不同的版本，本书中将根据我最信任的文献及占多数的数据信息来展开介绍。

---

① 这里指的是日文原著。此次中文版根据中文阅读习惯和语境，将大部分的"支那"改为"中国"。——编者注

日本与中国概略历史年表

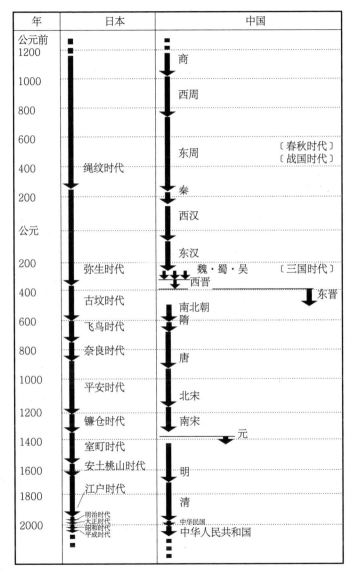

年	日本	中国
公元前 1200		商
1000		西周
800		
600	绳纹时代	东周　〔春秋时代〕〔战国时代〕
400		
200		秦
		西汉
公元		东汉
200	弥生时代	魏·蜀·吴　〔三国时代〕 西晋
400	古坟时代	南北朝　东晋
600	飞鸟时代	隋
800	奈良时代	唐
1000	平安时代	北宋
1200	镰仓时代	南宋
1400	室町时代	元
1600	安土桃山时代	明
1800	江户时代	清
2000	明治时代 大正时代 昭和时代 平成时代	中华民国 中华人民共和国

第一章

中国面食的发展小史

探寻日本拉面的起源

让我们从探寻日本拉面的起源开始吧。回到之前在序章中提到的问题：日本拉面是什么时候、在哪里、由谁创造的？对此，我收集了大量资料进行调查，但并没有找到一个大多数人都认可的起源说。这是一个很难回答的问题。有札幌说、东京说、横滨说等把当地作为日本拉面起源地的说法，其中描绘了在日本拉面诞生之时，料理人倾注无限热情，埋首于做出受日本人喜爱的中华风味面条而努力的样子。因为都说是真实的故事，所以让人不知应该从哪个说起。这就像说到荞麦面的起源时出现的信浓说、甲州说、盐尻说等，但是只要没有发现决定性的证据资料，就无法确定哪种说法更加准确。我将在第三章中详细论述各地流传的关于日本拉面诞生的故事。

探寻日本拉面的起源似乎异常困难。所以，我们来转换一下思路，去探究日本拉面诞生之前看起来非常复杂的面食谱系，回溯中国和日本的面食文化历史。

正如在序章中提到的，日本拉面是日本人创造的一种中式和食面料理。这么说来，在江户时代之前的日本独特的面食文化中，或许隐藏着日本拉面起源的线索。确切来说，也许日本拉面起源的线索就隐藏在将面食带进日本的中国面食中。

虽然只是一种想法，我还是先阐述结论吧。如果我们从"面的做法"和"面的吃法"两方面来看，会发现一些有趣的事实。

一方面，中国人在探索面的做法时，做了许多尝试，耗费了大量心血，在其偏好的吃面方式上也下了功夫。另一方面，日本人吸收、消化了从中国传来的做面方法，但对面的吃法却没有完全接受，而是以味噌、酱油为主的清淡味道来替代，形成了日本独有的吃法。江户时代的许多书籍中，对包含吃面礼仪在内的吃面方式进行了记载。

换言之，在构成日本拉面的素材中，做面方法从中国而来，汤底及配菜等则来自日本人的创造，由此形成了今天的和式面食的形态。如此这般，将面食文化的发展划分为面的做法和面的吃法两方面，再将中国的和日本的进行比较，在这条延长线上的远处，日本拉面的身影犹如海市蜃楼般浮现出来。日本拉面，正是和式面食的一种终极形态，在其中更产生了全世界流行的速食拉面。接下来，让我们来展开中国面食这部宏大作品吧。

中国人对面食的执念

中国自古以来对吃的关注度就非常高，据说在三千多年前就有研究烹饪的记录。中国的古代文明发源于中国北方的黄河流域，从新石器时代开始，经过中国最早有文字记载的商朝的青铜时代和铁器时代，形成了中国饮食文化的源流。

在古代中国，人们对吃的执念到底有多深呢？比如，《吕氏春秋·本味篇》（中国最古老的烹饪理论）中有记载，商朝初期，侍奉商汤王的厨师伊尹因其烹饪的菜肴美味而受到重用，被提拔为宰相管理国家。[①]此外，齐国齐桓公的厨师易牙，靠"烹子献糜"得到了君王的宠爱。在战国时代的《孟子》一书中，把食欲和色欲视为人类的本性[②]。西汉司马迁的《史记》中有"民以食为天"的句子，认为粮食是支撑人们生活最重要的东西。

中国人对吃的思考方式，亦体现在"身土不二""医食同源""药食一如"等表述中。"身土不二"指如果巧妙利用自己出生长大地方的食材，便可以保持健康、长寿。中国人对饮食的执念非常强烈，或许这也是中华饮食有五千年传统和历史的原因吧。正是在这博大精深的中华饮食文化中，出现了面食。

但是，面食却不像中华饮食的发源那样古老。这是为什么呢？因为面最主要的原料——面粉——很难获取。西汉时期，随着小麦从西域引入陇中，以小麦为原料的中国面食终于出现了。

获取面粉变得更简单

在序章中已经提到了小麦制粉在技术层面上的困难。有说法称，在中国的新石器时代已经有了磨。战国末期至西汉，转磨技

---

① 此处对伊尹和商汤王有所误读。伊尹不仅精于厨艺且胸怀天下，懂治国之道；商汤王是求贤若渴的明君。——编者注
② 此处对"食、色，性也"有所误读。其真正的含义是喜欢美好的事物是人的天性。——编者注

术处于滥觞期。此外，在唐代初期，碾磨传入中国，人们开始以水车为动力源制作面粉。之后使用筛绢，终于获得了白色的面粉。从那时起，馒头、包子、饺子、胡饼①等用小麦粉做的胡食逐渐盛行。

到了唐代中后期，以小麦粉为原料的食物进一步得到普及，出现了多种多样的点心，普通民众也越发注意到小麦粉。东汉的《说文解字》中写道，"麰，麥末也"，将面粉称为"麵"，将用面粉做成的食物写作"饼"。近来，也用简体字写作"面"。此外，还有将米粉写作"粉"。

与面条有关的最早的文献记录见于东汉的《四民月令》。这部中国最古老的农家月令书中写道："距立秋，毋食煮饼及水溲饼。"煮饼是汤饼的一种，水溲饼是在面粉中加水，揉捏后制成的食物，有说法称水溲饼就是后来的面条。但是，人们对水溲饼并没有更多的了解。也有一种说法称，水溲饼在三百年之后变化为"水引饼"。此外，在刘熙所著训诂专著《释名》的饮食篇中，将面条称为"索饼"，但也没有记录详细的烹饪方法。即使面条传入日本后，对于"索饼"和"索面"是不是一回事仍存在争议。

原本在古代中国，北方是吃谷子、黍、高粱、大麦等谷物的地方。在商朝，谷子、黍、大麦可以通过栽培得到。随着时代的变迁，麦子种植逐渐普及，以长江为界，江南吃米、江北吃麦，"南米北麦"说的就是这一现象。在部分地区有把稻米做成米饭、

---

① 即现在的馕。——译者注

把其他谷物煮成粥吃的风俗习惯，但普遍还是将谷物磨成粉吃。也就是我们所说的"粉食"（中国的面食）。

曾经珍贵少见的小麦粉变得方便获取之后，人们逐渐开发出了制作各种美味食物的方法。例如，往小麦粉里加水，揉捏后制成面团，再进行各种烹煮。在西汉时期，开始出现用蒸笼做的蒸饼，贴在锅中直接用火烤的烧饼，用油炸的油饼，还有汤饼和各种各样称为饼的小麦粉制品。到了唐代，这些食品已经非常普遍。汤饼是经过煮或炖而成的食物，其又衍化出了面条、水饺、云吞。也就是说，作为本书主题的用汤煮的细长面条就是从汤饼发展而成的。但是，现存的唐代以前的文献中，也只有接下来要提到的《齐民要术》介绍了饼的做法。

将面团拉成细长条状的智慧

面食的原型是什么？它们又是如何出现的？在6世纪前半叶北魏到东魏时成书的《齐民要术》中可以窥见面条最初的形态。《齐民要术》由北魏高阳太守贾思勰所著，是中国最古老的综合性农学著作，全书共十卷，是了解中国古代农事面貌的珍贵资料。书中记载了当时农村生活必备的各种事项。

尤其是其中记载的"水引"，被认为是面条的雏形。如书中所述："细绢筛面，以成调肉臛汁，待冷溲之。水引，挼如箸大，一尺一断，盘中盛水浸，宜以手临铛上，挼令薄如韭叶，逐沸煮。

（中略）皆急火逐沸煮熟。非直光白可爱，亦自滑美殊常。"

书中收集记载了当时的一些烹饪技术，如用什么方法可以将用小麦粉做的面团拉成细长条状，如何将面团变薄以更容易熟透等。用细绢做的筛网去除麸皮等杂质的做法，其目的和现在一样，都是为了让面粉中进入更多的空气，防止结块。将冷透的肉汤和面粉混合，面团会因汤中的盐分和蛋白质而变得更有弹性，黏着力也更强。将面团揉成如筷子一般粗细，切成约30厘米长，浸泡在水中，面粉中的淀粉膨润，因此不易断开，更易拉抻。用大火将水煮沸，淀粉充分糊化，煮熟后的面不仅洁白发光，而且口感嫩滑，和现在的面条如出一辙。虽然这些都是靠经验得到的方法，但却已经形成了做面方法的基础。

到了元代，"水引"的制作方法演变成往面粉中加盐，然后再揉面。不仅如此，当时的那种将面弄成绳状，涂油后再用手拉的方法也逐渐发展成现在的手拉面技法。明代时，这一方法得到进一步发展，山东出现了手工拉面。由此我们可以注意到，那时"手拉素面""手工拉面"的基本制作方法已经开始萌芽。想必这种制作方法也传到了日本吧。

此外，《齐民要术》中还记载了用手揪面团做成的馎饦以及如小指一般大小、形似棋子的切面粥（棋子面）。馎饦在唐代发展成带馅的馄饨和饺饵。另外，用锥子把牛角钻出小孔，将用大米（或绿豆）为原料揉成的面团从小孔中挤出，入沸水煮，这种制作方法正是挤压面的基本操作，也可以做出粉丝和米粉。

唐代以前，谷粉，尤其是小麦粉，曾是十分珍贵的食物。尽管如此，还是有各种各样古代的"面的做法"被记录下来，我对此兴趣浓厚。有一种将面条干燥处理后能使其保存一个月的方法，已经和现代的干面手法非常相近了。中国人在吃上抱有的执念，真是令人惊叹。

但是，各种记录中关于"面的吃法"，却只有如"软软的很好吃""顺滑柔软，味道独特"之类对面的品质的表述，并无面是如何调味的详细记载。大概是浇上剩下的肉汤吃的吧。如果笔者的猜想是正确的，那么只有面的做法率先传入了日本。

细长面条与长寿的关系

都城位于长安（今西安）的唐朝，见证了唐朝皇帝唐玄宗和杨贵妃的奢侈生活。唐玄宗以讲究吃而闻名，据说他很喜欢吃用干贝、海参、鱼翅、鲍鱼等食材熬成的汤。那个时候，日本数次派遣唐使来唐，留学僧和留学生的来往交流亦十分频繁。

据《一衣带水：中国料理传来史》（柴田书店）中的记载，唐代的面食有汤饼、水引饼、不托、牢丸、棋子面等。此外，书中还写道："将面类做成细长条状，源于唐代时在孩子出生后第三天举行吃汤饼的汤饼宴，希望孩子的寿命可以像细长的汤饼（面条）一样长。这一仪式如今依然存在于中国的某些地方。"

由此，面食成了在特殊日子里用来庆祝的食物。朝鲜半岛和日本也将面食用于庆典仪式中，面条细长的形状中寄托了长寿的祈愿，这就是"长寿面"的由来。但令人感到不解的是，在日本创造的拉面之中，却全然不见任何庆祝的含义。

在唐代，汤饼分为两派，各自发展壮大，分别是：将面擀薄擀大，里面包上馅的水饺、烧卖、云吞派；将面擀成细长形状的面条派。此间出现了"不托"这一词语。据《青木正儿全集·第八卷》（春秋社）"爱饼余话"记载，"掌托"是用手掌托着做饼，"不托"则与之相反，是不用手掌托着做的饼，因此"汤饼"到了唐代被称为"不托"。唐代出现了用擀面杖擀面的方式。

唐代以前，为了将面团做成细长条状，人们进行了各种各样的尝试，在"做面方法"上穷尽努力。在此之后的宋代，面条登场，人们在烹饪方法上苦下功夫，成就了多彩的中国面食。

多彩面食的发展

宋代在古代中国超过三百年的统治，延续了唐代以来的长期安定。北宋定都汴京（今河南省开封市）之后，以首都为中心的充满生机和活力的时代便开始了。彼时对应着日本的平安时代中期到镰仓时代中期。那时饮食生活的蓬勃发展态势，从各类书籍中亦可了解。面条在宋代登场，人们钻研各种烹饪方法，创造出了各式各样的面食。

北宋的《东京梦华录》对那时的城市生活、岁时节令和食店的情况做了生动的描写。据书中的记载，当时的食店、肉市、饼店、鱼店众多，人们也经常外出就餐。饼店中的蒸饼、糖饼、菊花饼、宽焦[①]广受欢迎。卖冷淘棋子面（今天的冷麦面）、馉饳儿（今天的馄饨）的店铺也生意兴旺。此外，南宋后期的《梦梁录》也描绘了首都临安繁荣昌盛的景象，其中亦出现了普通民众喜爱的面食店。

宋代开始将汤饼称作面（麪，日语写作ミエ），以此和其他的饼（蒸饼、烧饼、油饼）进行区分。以宋、元通俗百科事典而为人所知的《居家必用事类全集》详细地描写了宋代面食。虽然这部著作的作者、成书年代均不详，但在了解中国面食文化历史方面，它是与《齐民要术》齐名的珍贵文献。如图2所示，饮食类

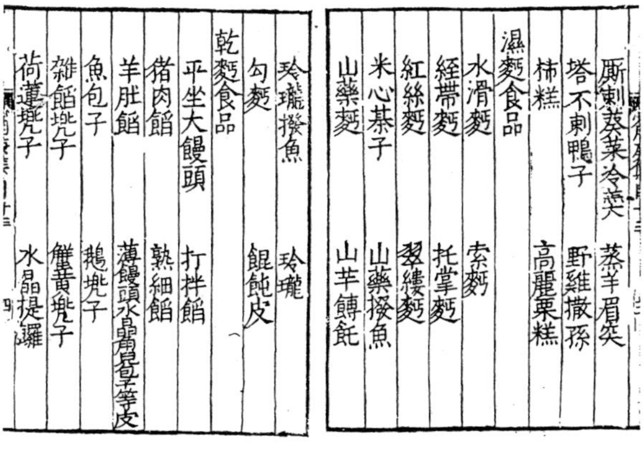
厮刺葵菜冷淘　蒸羊眉突
塔不剌鴨子　野雞撒孫
柿糕　高麗栗糕
濕麪食品
水滑麪　索麪
經帶麪　托掌麪
紅絲麪　翠縷麪
米心棊子　山藥撥魚
山藥麪　山芋餺飥
玲瓏撥魚　玲瓏餛飩
勾麪　餛飩皮
乾麪食品
平坐大饅頭　打拌餡
豬肉餡　熟細餡
羊肚餡　薄饅頭水晶角兒包子等皮
魚包子　鵝兠子
雜餡兠子　蟹黄兠子
荷蓮兠子　水晶提羅

图2 《居家必用事类全集》的目录

① 亦称“宽焦薄脆”。一种又薄又脆的油炸食物。——编者注

中的"湿面食品"一栏中，有十四种食品的名称及其形式和制作方法。"湿面食品"是煮过的面食的总称。了解这些面食多样的制作方法，对知晓到底是何种技术传入日本这一问题非常重要，这些制作方法请参见表1。

表1　中国宋代的各式面食（《居家必用事类全集》）

水滑面	属于《齐民要术》中的水引面，将面入水，再加入油盐
索面	在面的表面涂一层油，不加盐。与日本的素面属于同类
经带面	用擀面杖将面擀宽后再切，不加盐，加碱水
托掌面	薄而大的面，用有中心轴的柱状擀面杖制作而成，原料为盐、碱、米粉
红丝面	虾味的细切面，原料有生虾、花椒、盐、面粉、豆粉、米粉
翠缕面	加入了槐叶汁的绿色细切面
米心子	经过数次过筛，极小的棋子面。《齐民要术》中的切面粥
山药拨鱼	加入了山药的面疙瘩，原料为面粉、豆粉、山药
山药面	加入了山药的面，像煎年糕一样烹制，再切成条状
山芋馎饦	加入了山芋的馎饦，原料为面粉、豆粉和山芋
玲珑拨鱼	和面时加入剁碎的牛肉或羊肉，做成的精致（像雕琢的玉石）面疙瘩
玲珑馎饦	小巧精致的馎饦
勾面	加入了萝卜的面
馄饨皮	云吞的皮，原料为面粉、盐

在了解这些面的制作方法后，会发现其中将面粉分为"面"（普通的面粉）和"白面"（细腻的、白色的、质量较好的面粉），将新汲水（新汲取的井水）、凉水（冷水）、温水进行区分使用，

为了能方便用手拉长面条，会在面上涂油，使用擀面杖、山药来增加黏性，还首次使用了碱（将艾蒿烧成灰，滤水，与小麦粉混合形成一种固体。含有碳酸钠）等。中国的东北到西北部一带产出的天然苏打，是后来干冰的主要原料。面粉中的面筋蛋白因碱变性，会形成独特的硬面质。此外，为了增强面的硬度，人们还会加入盐。具有中国特色的面食"吃法"随处可见。米粉、盐、油、虾粉、花椒、豆粉、切成细条的牛油或羊油等食材的种类也逐渐丰富起来。

到了宋代，中国的面食制作技术彻底完善成型。如第二章所述，这些制面方式在镰仓至室町时代再次传入日本。除此之外，在"干面食品"这种蒸面食中，也出现了馒头、包子、胡饼、烧饼、肉油饼、煎饼等十二种食物。多方的创意和努力，使面食的种类有了飞跃性的增加。中国的面食越发多样多彩，受大众喜爱的面食店也繁荣起来。

中国人的吃面方式

中国人和日本人的吃面方式可谓大相径庭。在《点心》（柴田书店）一书中，如图3所示，在中国人的饮食习惯里，吃饭和吃点心有很大区别。此外，点心还分为卤点心、甜点心、小食（小吃）和果子。其中，面类作为一种用小吃中常见的材料就能简单制作的面食而迅速发展起来。必须指出的是，面类是单独的一种饮食类型。

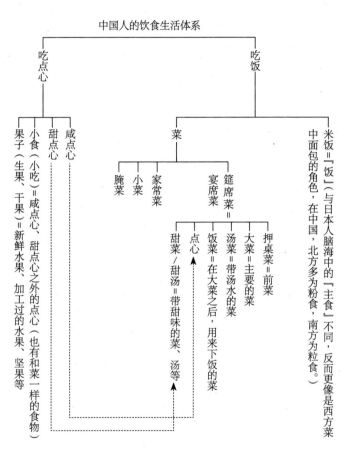

图3 中国人的饮食生活体系

资料:《点心》柴田书店

那么，中国人和江户时代之前的日本人，在吃面方式上到底有什么不同呢？如在后面将会讲到的，日本的面食以清淡为主，有素面、乌冬面、荞麦面等。而中国人喜好的吃法却不同，有如下几种：汤面，往热汤中倒入煮过的面；炒面，将面和配菜一起炒，类似于日本的炒乌冬面；拌面，将面和配菜拌在一起；凉拌面，用冷酱汁拌面；煨面，煮熟的面；炸面，将生面或蒸面油炸。

或许有人会觉得，什么嘛，现在日本人的吃面方式根本没有变化。确实，直到现在，日本人偏爱的主要还是汤面、炒面和煨面，对应的即拉面、炒乌冬面、油炸乌冬面。但是在江户时代之前，日本还全然不见中式面食的踪迹。日本拉面的起源就应该追溯到那个时期。另外，日本独有的中华冷荞麦面、酱烧荞麦面都是在日本拉面诞生之后创作的。

在《人类以何为食？面、薯、茶》（日本放送出版协会）中写到，在广袤的中国大地上，南方和北方的面食习惯也存在差异。一般来说，北方的面更粗，汤底用酱油调味，味道更浓厚，面碗更大，分量也更多；南方的面细，用小碗盛，基本会用咸味汤底。以长江为界，汤底的味道是北方浓、南方淡。有用鸡肉、猪肉、火腿肉熬成的上汤与用鸡骨和猪骨熬成的毛汤。中国南方四川的银丝面就以面细而著称。不同地域中国人的吃面特点，说明了粉食地区和粒食地区之间的差异。这些信息分别流入日本，之后不断被同化，最终形成一体。想要知道各地拉面的发端，了解这些因素是非常重要的。

碱水对中国面食的影响

中国面食的另一个特点是使用了独特的碱水。从唐代至宋代，人们已经开始用碱性物质改变面质的努力，这也形成了日本的乌冬面和荞麦面中没有的独特口感。最初使用的是草木煮出的灰水、碱湖中的碱石或碱水等天然碱性物质（碳酸钠）。加了碱水的面被称为"碱水面"。

碱，在中国的东北到西北部产量非常丰富。碱可以使酸性的水质转化为碱性。或许是由于用酸性水难以制面，于是人们试着在揉面时加入碱水，面质因此发生了有趣的变化，碱水的用途便是这样才被发现的吧。

碱水在日语中也可写作"鹹水""枧水"。在粤语里"枧"即为碱的意思。日本将碱写作"枧"也是从广东传来的。现在，可将碳酸钾、碳酸钠、磷酸钾、磷酸钠调和制作碱，有粉状、液状、固体状等多种形态。碱的用量与面粉相比约为1∶100。碱水的碱性会使面粉中的类黄酮色素变成黄色，同时增加面筋的黏性和弹性，使其成为具有独特颜色、爽滑感和咀嚼感的面。碱过多的话，会使面筋萎缩。碱具有防腐效果，可以使面长期保存。

除此之外，在中国也有不加碱水的面。比如，有仅在面粉中加盐和水的拨鱼面，以及只使用鸡蛋的伊府面、全蛋面等。不加碱水的面，往往会巧妙利用盐、鸡蛋和牛奶等材料。做馒头时加入碱水，会使面团变成淡黄色并激发出其独有的香味。

到了明治时代，碱水终于由南京町（中华街）的华侨带入日本。在后文中将会讲到，在明治三十三年（1900年）东京浅草的"来来轩"和大正十二年（1923年）札幌的竹家食堂中已经开始使用碱水了。

面的故乡：中国北部的山西

让人感到不可思议的是，几乎不种植小麦的山西大同市竟然有许多特色面食。山西被称为"面的故乡"。在《人类以何为食？面、薯、茶》（日本放送出版协会）中写道："在山西，黄土高原农民的杂粮谷食文化与从丝绸之路传来的小麦相遇，产生了各式各样的制面技术。（中略）面可以说是被小麦俘获的汉族人对吃的无尽欲望和对技术执着追求的共同产物。"例如，猫耳朵、拨鱼面、刀削面、拉面等。

猫耳朵是将面做成像猫耳朵卷起的形状，是一种山西传统面食。将面粉、荞面或莜面面团切成小段，用大拇指尖按住一端往前推，和配菜一起下入热水中煮熟。拨鱼面也叫作鱼子、拨鱼儿、剔尖。把面粉、高粱粉（红面）和绿豆粉混合成糊状的面团，用竹筷将面剔进沸腾的热锅中，面的两头长而尖，中间像银鱼肚子一样宽厚。刀削面是将圆筒形的面团有节奏地削进锅中，边削边煮。看似随意，实际削出的面叶长短、大小统一。

拉面也是山西有名的面食。拉面最早出现于明代，之后迅速普及。将加了碱水的面团用手拉长，两根变四根，四根变八根，如此反复七次之后，可以拉出二百五十六根面条。如其名字一样，这是用手拉的面条。"拉"这个字有拉长、拉扯的含义。水溲饼→水引饼→拉面都属于同一类。面过水后再拉长的做法可以达到在面中加入碱水一样的效果，都可以使面质变强韧，而且面条在空气中也更容易被拉开。拉面在中国北方叫作拉面，在南方则叫作打面。有说法称，"拉面"或"打面"的发音就是日语里"ラーメン"的语源。这些事情对拉面的起源都极为重要，因此我们将在第三章重新详细叙述。图4是拍于山西的一个做面场景，在图片中可以看见"拉面"两个字。

图4　山西的刀削面

知名面食不断涌现：中国南部的广东

中国幅员辽阔。北方的馒头传入以米为主食的南方后，以原样被传承了下来。有句俗语叫"广东人怕馒头"，意思大概是南方人质疑用面粉做的大面团仅仅蒸过就可以吃。关于面食，广东也出现了许多有趣的饮食文化。广东人在北方面食的基础上进行加工，做出了虾子面、伊府面、云吞。

虾子面是广东有名的面食，和面用的是虾子（籽），不用碱水。伊府面是由清乾隆年间任扬州知府的伊秉绶所创的面。伊府面不用水，仅用鸡蛋和面，蛋白中的蛋白质在面团中形成强韧的面筋，可制成宽且不易松散的面。伊府面在大正至昭和时代的《家庭向中国料理书》中频繁出现。据说速食拉面也是从伊府面中得到的灵感。

馄饨从唐代开始出现，在宋代受到欢迎，是历史悠久的食物。北京话中读作"馄饨"，粤语里把它读作"云吞"。日语里将其读作"wantan"，恐怕是传自广东，受到粤语的影响。在北京，馄饨是有美好寓意的食物。因为馄饨长得像元宝，正月初二吃馄饨，寓意新的一年发大财。在广州市西关的方言中，"云吞"取"吞云吐雾"这个词，隐含着上京赶考的科举生们的雄心大志。从唐代到宋代，馄饨一直是特别受欢迎的点心。将云吞和面一起煮的云吞面也出自广东人的创意，这在中国也是少见的形式。

关于粉食，南方人的另一大智慧就是将米磨成的粉做成米粉。

米粉不像面粉一样会形成面筋，因此可以用压面机制成米线。其中，以昆明的过桥米线最为人熟知。

北京的饺子、上海的小笼包、广东的云吞分别是华北、华中和华南的代表性面食。

制面方式的确定

关于中国人不断创新的制面方式，在序章中介绍了与之相对应的五种面：手工拉面、手拉素面、切面、挤压面和河粉。但从中国传到日本的到底是哪一种制面方式呢？对于这一点，在进入第二章"日本面食文化漫步"之前，需要先稍微说明一下，因为这和日本拉面制作方式的确定有很深远的关系。

要将能够形成面筋的小麦粉面团做成面条，有好几种方式可供选择，如手工拉面、手拉素面和切面的制作方式，它们都有各自的特点；但像米粉、荞麦粉、绿豆粉等不会形成面筋的材料，要直接将其制成有形的面团则较为困难。因此如何增加黏性、如何将其做成面条也就成了难题，于是就有了挤压面和河粉的制作方式。此外，即使是用小麦磨成的粉，但用硬粒小麦制成的意大利面也是用了与做挤压面类似的方式制作出来的。虽然不会形成面筋，但通过加压排气（通过压力将空气挤出）可以使其成形，并具有独特的口感。在本节中，我将手工拉面和手拉素面的制作方式归为用手拉抻，将切面和挤压面的制作方式分别定为以刀切和挤压来进行概括总结。

　　面团充分熟化之后，重复进行静置→拉抻→静置→拉抻的工序，面团就不会干断，而是可以沿同一个方向拉抻成丝线状的面条。这是通过不断积累经验才能习得的绝佳技术。如果将这个过程描述得复杂一些，就是利用面中高分子化合物的结构性质，通过不断拉抻，使其中的面筋组织像章鱼触角一样有序排列。通过这种方式，可以轻松将面团制成多根面条。

　　一方面，与本书主题最为接近的"手工拉面"是《面条文化的起源》（食物与文化的交流）中提及的不使用道具，仅用手拉抻的面。其继承了"水引饼"的制作方式，加入盐水或碱水强化组织黏性和弹性。汉族人将这一技术提炼精进，尤其以山东、山西、陕西的拉面最为知名。中国最细的面是龙须面，也叫作银丝面，仅拉抻十三次，就可以得到一万六千三百八十四根。龙须面瞬间过油炸，就成了用于高级宴会的甜点。以这样的技术制成的面，在中国可叫作拉面或抻面。日语中"ラーメン"的语源就是出自这里吧。图5是中国的手拉面。

　　另一方面，属于"手拉素面"这一种面的"索面"，其名称是在北宋时代的文献中首次出现的；在前文提到的《居家必用事类全集》中已经有了详细的索面制作方法，即在面粉中加入油和米粉；索面多见于中国福建。索面也被称为"面线""线面"。日本的手拉素面吸收、消化了索面的制作技术，并沿用至今。

图5 中国的手拉面
资料：日清食品提供

如果将日语"ラーメン"的语源追溯至中国的"拉面"，那么对"手工拉面""手拉素面"和"切面"的制作方法相近这一点，我认为非常有趣。《探寻拉面起源：进化的面食文化》（食物与文化的交流）一书中写道："像现在制作拉面一样在面中加入碱水，制作手拉面条的方法大概出现于清代，与宋代出现的'索面''经带面'的技术有重合之处，后逐渐发展成完全用手拉抻面条的方式。将加了碱水的面揉成面团状，涂薄油后再用手拉。"就探究传入日本的制面方法来看，这是非常卓越的见解。

切面是将充分熟化的面团用擀面杖擀薄后折叠，再用刀切成细条状。面筋呈左右纵横的网状结构，包裹在淀粉中。"切面"也叫作"刀切面""手打面"。这种制面方式机械化之后，可实现量化生产。因此切面也逐渐发展成机器面。

　　"切面"起源于唐代的"不托"，继承了汉民族的传统。《居家必用事类全集》中的"经带面"，是在小麦粉中加入盐后制成的宽切面。值得注意的是，这是在中国面条的制作过程中首次加入盐。用刀切的面在中国统称为"切面"。在日本，用到切面的方式则作为"乌冬面"和"荞麦切"的做法被固定了下来。如今日本拉面用的中华荞麦面，不是手工制作而是用机器制成的面，仅仅是将"拉面"这个名字保留下来而已。图6是厨师正在用中式菜刀切面。

图6　用中式菜刀切面
资料：日清食品提供

　　根据原料粉的性状不同，也有形不成面筋的情况发生。这时需要加入糊化的淀粉来增加黏性，通过加压的方式挤出面条，成形后立刻下热锅中煮熟，这是"挤压面"的制作方法。这一类中有将米磨成粉做成的米粉，有用荞麦粉做成的饸饹面，有用绿豆粉做成的粉饼，有朝鲜半岛的冷面以及意大利的意大利面。在中国山西，人们利用简单杠杆原理制作的饸饹床子来制作饸饹。把和好的面团放入饸饹床子带孔的圆洞中，向下压动木杆，面条就会从圆洞中被挤出来，将它们放入沸腾的热锅中煮熟就可以了。如果用和荞麦颜色相近的莜麦制作，过冷水后就可以直接吃到莜面了。

在之前的章节中，我们围绕着制面方式回溯了中国面食漫长的变迁史。将其与日本人创造的中华风和式面料理——日本拉面——相结合，不知道是否捕捉到了一些关于日本拉面制作方式起源的线索呢？明治时代，侨居日本的中国人喜欢吃手工拉抻的拉面。被那种酣畅吃面情景迷住的日本人，在面中加入灰汁（碱水）、用擀面杖擀面，再加上切经带面的技术，就做出了相似的面。后来为了实现量产，又引入机器生产。这样得到的拉面，其做法是相当复合的吧。当速食拉面走向世界时，webstar辞典中也有了"ramen"（ラーメン）的词条——一种用手拉抻而成的，以小麦粉为主要原料制成的面条。

但是，中国人在一千五百年间不断创作出的制面技术，在日本是如何被接受、吸收以及内化的呢？是时候让我们把话题转到为日本人所接受的面的独特吃法上去了。

第二章

日本面食文化漫步

日本独有的面食

如在序章中提到的，日本迎来爆发式的拉面潮是在第二次世界大战之后。江户时代之前的日本人，对中国的吃面方式几乎是不关心的。但是，面的制作方式很早就从中国传入了日本。日本人吸收了它们，创造出了日本独有的面食，这与之后日本拉面的制作方式也有关系。面的做法传入日本，在历史上有两个重要节点：第一个是奈良到平安时代，唐果子传入日本，这是日本面食的起点；第二个是镰仓到室町时代，制面方式再次传入日本。受此影响，日本接连创造出了素面（平安—镰仓—室町）、乌冬面（室町）和荞麦面（江户）。

另外，在消化、吸收源自中国的制面方式的过程中，日本也发展出了独特的吃面方式。后来日本拉面呈现出的如在面中加入酱油或汤汁、配菜等特点，也表现出其与日本面食一脉相承，是不折不扣的和食。将源自中国的面的做法和面的吃法相结合，使日本拉面得以面世，这一点在前文已经阐述过。本章将介绍日本吸收中国制面技术的过程和日本独有的吃面方式。

面的传入及发展方向

如开篇提到的，笔者将中国人持续创作的面以"面的做法"和"面的吃法"两个方面进行区分。此外，笔者还说明了五种制面方式。但是从现在开始，关于"面的做法"，笔者将采用更准确的表述。

从现在的制面技术来看，在最终确定的面的做法中，有制作素面用到的"手拉"，也有制作乌冬面或荞麦面用到的"手打""机器打"。因此，"打面"一词也用来描述乌冬面或荞麦面的制作方式。换言之，就是通过"打"使面团具有黏性，一边打面，一边撒浮面。

实际上，这种表述上的混乱在日本拉面诞生之时也出现过。如之前提到的，中国人将用手拉抻的面条称为"拉面"，侨居日本的中国人也用这种手拉的方式做面。也就是前文"制面的五种方式"中的"手工拉面"。但是在早期的时候，考虑到吃中华面的日本人的口味，在制作乌冬面和荞麦切中积累了丰富"打面"经验的日本人，将中华面的制作方式替换成了"手打""机器打"。也就是说，日本的"ラーメン"只有名字保留了下来，面的制作方式实际已经从其名字所称的"拉面"变成了"打面"。

如此一来，日本的面食文化发展方向呈现为"手拉素面"→"手打乌冬面"→"手打荞麦面"，之后是可实现量产的"机器打"（乌冬面、荞麦面）。其中值得注意的是，在如此宏大的历史过程中，中国的宋代、日本的室町时代，中、日两国几乎在同一时期产生了各自的面食文化并逐渐发展壮大，也创造出了各自独特的吃面方式。江户时代，日本独特的"荞麦切"在普通百姓间广泛流行。换言之，日本面食文化从唐果子传入开始，经历一千四百年岁月的积累沉淀，终于成型。

但是，如果要仔细考究面食传来的细节，历史考证的积累是十分缺乏的。与拉面的发祥一样——是谁在什么时候、带了什么样的面食；它们是如何制作的，在不同的时代发生了什么样的变化，其中有很多难以说明的地方。同时，这些问题也少有定论，引发了各种臆测和混淆。这大概是因为虽然日本与中国大陆往来越来越频繁，但并未将其全貌完全记入文献吧。下文将以日本拉面诞生前普通民众的生活动向为中心，回顾日本面食文化的发展。

日本面食文化的独特性

在探寻日本面食文化发展历程之前，我们先从三个方面来看看日本人独特的面食嗜好。要先说结论的话，日本人喜好的面是：特别日子里吃的食物；与寺院相关的食物；已形成的独特糊食文化。在这些食物的发展过程中，从中国传来了不使用碱水的面。接下来我将一一展开论述。

首先，面是在特别日子里吃的食物。倡导民俗学这一新兴领域的柳田国男，在其所著的《木棉以前的事》（岩波书店）中指出，在没有磨的时代，小麦粉是难得的珍贵食材，因此只有在庆典、祭祀等重大的日子里，人们才会费时费力地制作面食（粉食）进行庆祝。即便在今天，面食也是特别日子里的重要食物，在很多乡土料理中都可见其活跃的身影。

例如，广岛县、爱媛县、大分县的名产面食"鲷面"，大碗中的素面如海波，中间放入煮好的鲷鱼，如鱼跃水中。细长的素面有长寿的寓意，鲷鱼寓意吉祥，因此鲷面常出现在结婚典礼、上梁仪式、祭祀、宴会、离家独立等场合。鲷面在日语中读作"taimen"，同"对面"，因此这一谐音也用来打趣新郎新娘与宾客在结婚典礼上初次见面。

此外，有传闻称"赞岐乌冬面"是一千多年前善通寺的弘法大师（空海）从唐朝都城长安（今西安）带来日本的，其在插秧、红白喜事、婴儿断奶、除夕和婚礼等一年中所有的例行活动和仪式中均有出现。

但是，日本拉面却全然不见吉祥的寓意。韩国在结婚典礼上会吃一种叫作"kus"的面，而在日本却没听说过有在婚礼上吃拉面的。这或许也是拉面这种平民料理的不可思议之处吧。

其次，是面与寺院的关系。有以下几个事例：7世纪初，推古天皇时期，从朝鲜半岛来的僧侣昙征带来了石磨；九州太平府的观音寺中现存有巨大的石磨；13世纪的镰仓时代中期，东福寺开山祖圣一国师带来了如**图7**所示的面粉及素面的制作方式；18世纪江户时代中期，浅草道光庵（后迁至世田谷）的道光和尚热衷于制作故乡信州的荞麦切，以致庵内常因前来吃面的人而门庭若市。这些都是面食文化中的小插曲。

《面条文化·面谈》（食物与文化的交流）谈及寺院中的面食，写到，在寺院中已经可以做出像手打面这样耗时费力的食物；乌

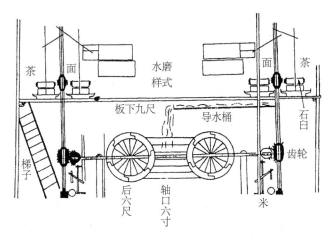

图7 《大宋诸山图》

资料:《筛》法政大学出版局

冬面与围锅共食的社会风气相符,荞麦面作为一种独食的食物而被讨厌;《典座教训》中也提到乌冬面是特别日子里吃的食物;乌冬面的吃法是用热水或冷水浸泡,辅以萝卜和蘘荷①等佐料,汤汁中加入干松鱼刨片和酱油;乌冬面会让大家不自觉地沉迷其中,无法自拔,因此乌冬面成了很多人会偷偷吃的食物;盂兰盆节和七夕时,素面是必不可少的食物。寺院中流行的面食也对普通百姓产生了很大的影响。

最后,独特的糊食文化的形成。在吸收、内化中国的制面技术的过程中,日本人在面团中提炼出独特的喜好,想出了将加了盐的面团和未加盐的面团分开使用的技巧。加了盐的面团,会

_____

① 又名茗荷、日本姜、日本生姜。——编者注

因形成面筋而变得强韧，可用来做素面或乌冬面。而不加盐的面团质地柔软，可以做出与面条性质不同的食物——类似于"馎饦""面疙瘩汤""疙瘩汤"。将这样的面团加工后放入汤中充分炖煮，可以享受到其浸满汤汁的独特味道和令人惊喜的柔软口感。这就是常见于日本各地乡土料理中的糊食文化。例如，山梨县的"馎饦（ほうとう，houtou）"、名古屋的"味噌煮乌冬面"等。

"馎饦"很早以前就已经存在了。平安时代中期的《枕草子》中有"熟瓜馎饦"，熟瓜指完全成熟的自然掉落在地上的瓜，熟瓜馎饦是用这种熟透的果物（瓜）和馎饦一起煮。成书于镰仓时代初期的日本最古老的料理书《厨事类记》中，出现了和现在的"馎饦"做法相同的食物。"馎饦"从山梨县出发，发展出"煮馎饦（ぼうとう、ぼうと）""小馎饦（こほうとう）""法度（はっと、はっとう）""法度汁（はっと汁）[①]""鲍肠（ほうちょう）[②]""鲍肠汁（ほうちょう汁）"等食物，见于日本各地的料理中。

"水团"是将小麦粉加水揉成松软的面团，再把面团揪成一小块一小块的，放入锅中煮。在各地的乡土料理中，水团或团子汁均有出现。将不加盐的面团制成面条状的是"馎饦"，制成团块状的则是水团或团子汁。

《日本人的味觉》（中央公论社）中写到，①进入日本列岛的

---

① 是栃木县、茨城县、宫城县的乡土料理。——译者注
② 是日本大分县的乡土料理，因细长的面线像鲍鱼肠子而得名。——译者注

东侧，面食文化逐渐消失，取而代之的是糊食文化；②越过横亘在富士山与赤石山脉之间的中央大地沟带，形成了糊食文化；③糊食文化圈边界的最西侧是名古屋的煮乌冬面；④山梨县是日本列岛糊食文化中心之一。这样一来，爱好糊食和面食的日本人构建了不同于中国的面食文化。接下来，让我们在历史中追寻日本面食发展历程的各种论调。不过，也不能就此忘记了拉面，时不时还是要想到它哟。

唐果子的传入

从奈良到平安时代初期，遣隋使、遣唐使带动了中、日两国留学生和留学僧之间的往来。那时，唐果子从中国传入日本，这是日本和果子的起源。但是，当时传入日本的八种唐果子和十四种果饼，和现在的哪种果子相对应却未必有定论。"餢飳"可见于《太平御览》中，"环饼""馄饨""馎饦"等名称可见于《齐民要术》，"索饼"则出现在《释名》中。

再稍微深入一些的话，"团喜"是现在的团子，"捻头①"是油炸面食，"馄饨"是用面皮包馅，做成丸子状的食物，"馎饦"是后来乌冬一类的食物，"麦绳"是将面团搓成长条后扭在一起。"索饼"和"麦绳"（牟岐绳）被视为同一种食物。**图8**是从中国

---

① 亦称"捻具"，即馓子。——编者注

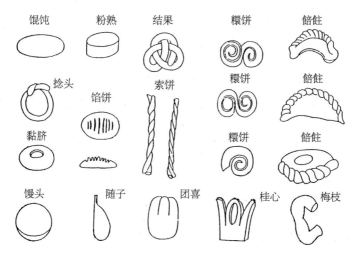

馄饨	粉熟	结果	糫饼	馄饨
捻头	馅饼	索饼	糫饼	馄饨
黏脐			糫饼	馄饨
馒头	随子	团喜	桂心	梅枝

图8 藤贞干《集古图》中的唐果子
资料:《日本食物史》雄山阁

传来的唐果子。

　　只不过当时的唐果子是用于典礼、宗教仪式的食物,受贵族等上流社会阶层喜爱,普通百姓无缘接触。所以倒不如说,唐果子传入的意义在于其促使日本人重新认识用米粉及小麦粉等制成的粉食,形成了粉食加工发展的契机,并带来了蒸、烤、油炸等烹饪技法。这对后来日本饮食文化的发展产生了重大影响。

手拉素面的发祥

　　如我们已经提到的,日本的面食是从手拉素面开始的。甚至到了江户时代，素面依然占据着干面界的主流地位。素面的发展过程可概述为索饼→（麦绳）→索面→素面。索饼和麦绳也含义相近。但关于索饼，还有很多无法确定的问题。

索饼作为一种唐果子传入日本。《一衣带水：中国料理传来史》（柴田书店）中写道："奈良时代大约对应着中国唐代的初中期，那时中国已经明确汤饼是一种细长形状的食物了。"奈良时代，索饼被日本人广泛接受。

平安时代中期的《延喜式》中记载了索饼的制作方法。如果转换成现代的食谱，即用70%小麦粉、30%米粉，再混合2%或4%盐。因其中加入了米粉，使得面条容易断开，所以不能制成细长条状。这也是将索饼视为素面原型最受质疑的一点。而且，那时不会在面上涂油。但也有说法称，索饼中的一种油炸果子是素面的原型。不过，在中国古代的文献中并未发现索饼的制作方法。

索饼在传入日本之后，被称为"麦绳""无木奈波""牟义绳"，索面出现后，又被称为"素面"。江户时代中期的《和汉三才图会》中记载"索饼是素面"。尽管这个论断有些轻率，但之后的素面还是体现出了与索饼相关的信息。平安时代后期的《今昔物语》中，有一篇名为"某寺住持见麦绳变蛇"，故事讲述的是某座寺院贪婪的和尚用在夏天受欢迎的麦绳招待客人后，因陈麦可以入药，所以将剩下的麦子储藏起来，后来发现陈麦变成了蛇。到了镰仓时代，索面的制作技术从中国再次传入日本。

将话题从麦绳转到索面上来。索面的制作方法如前文《居家必用事类全集》中所提到的有两种，在此稍作回顾。一种是用油的方法，用筛得最细的小麦粉，不加盐，仅加油揉捏，然后放置在充分浸油的油纸上醒四个小时，再挂在很长的杆子上，边扭动面，边将其拉得细长。如果没有油的话，则很难将面拉长；另一种是不用油的方法，使用米粉作为主要的材料，在拉抻的过程中不时加入面粉，边揉边拉抻三到五次，较粗的面团还需再次拉抻，面干了之后放入锅中煮。

无论哪种方法，都使用了扭的方式来防止面条断掉。但是，使用米粉的话，表面易出现裂纹，面条容易断开，没办法做得又细又长。一旦涂了油，表面就不易产生裂纹。江户时代中期的《和汉三才图会》中记载了更详细的索面制作方法。基本方向是完全相同的，"手拉"这种方式到了今天也还在使用。

南北朝时期，"索面"的文字表述改成了"素面"。江户时代初期的《本朝食鉴》中记载，"索"有捻绳子的意味，而"素"代表白色的东西，由此看来是后来的人把"索"和"素"搞错了。在喜好精进料理的僧院中，也常常吃索面。有说法称，从僧院的进食方式中产生了"素面"这一称呼。而"素面"则在室町时代迅速普及。"素面"在宫女隐语①中表示"漫然""络绎不绝"。这个名称中或许含有"细物"（细扭状）的意味，又或许是从吃面时

① 日本室町时代在宫中工作的宫女们的常用语，之后在市井之中广泛传播，到了当代已经成了普通用语，内容多与衣食住相关。——编者注

发出的声音而来的吧。

如此一来，在日本国内可以种植适合制作素面的小麦的地区，不断出现知名素面。江户时代初期的《毛深草》记载了素面的名产地，有大和的三轮山，山城的大德寺、伊势、武藏的久我、越前的丸冈、能登的和岛、备前的冈山、长门的长府和伊予的松山等十二处。制作素面，常常是冬季农家的副业。尤其是大和三轮素面，在《日本山海名物图会》中有配图详解。古代的信仰之地，三轮山周边酷寒严峻的奈良盆地，产出了品质优良的素面。

素面的吃法

接下来说说素面的煮法和吃法。关于煮法，蜀山人[①]的狂歌中有"扔来看看吧，素面煮得如何了，能弹起来吗"。当时的内行人十分注重素面煮的程度。产生了"厄"[②]变化的素面也被视为珍品。"厄"是素面独有的变化，素面虽然制作于寒冬，但每经历一次梅雨季，就会成为"二年物""三年物"逐次累积。这时的素面煮起来不易涨开，入喉有独特的口感和风味。江户时代中期的《和

---

① 江户时代的狂歌大师。——编者注
② 素面中的面筋会随着其储存时间的增加而渐渐失去黏性和弹性，素面也会变得越来越脆，煮熟后不易粘连，口感清爽有嚼头，这种变化在日语中称为"厄"。——译者注

汉三才图会》中记载，煮素面时将油沫撇去，以没有浮沫的状态为佳。

关于吃法，在《本朝食鉴》中写着：①和乌冬面、冷麦面一样，蘸汁吃；②根据喜好，用煮好的味噌、酱油炖煮（"入面"）；③和萝卜泥一起吃，不仅可以排毒也别具风味；④七月初七七夕节，吃素面。

七夕祭吃素面，寄托了女性希望自己的缝纫技术能更上一层楼的美好愿望。江户时代中期开始有了在七夕赠送素面的习惯。但蕴含着美好寓意的素面毕竟也有2~3米长，所以吃起来其实也挺辛苦的。

江户时代初期的《女重宝记》中记载了女性吃素面的方式：和乌冬面的吃法一样；绝对不能像男人一样把蘸汁倒进面里；最好不用佐料（胡椒、芥末、辣椒）；也不要使用有气味的调味品。江户时代中期的《女诸礼绫锦》中有记载：蘸汁盛放在猪口杯[①]中，手端着猪口杯，夹少量面条蘸着蘸汁吃；之后，可以继续端着猪口杯；要添加蘸汁时，再重复同样的操作；不加辣味佐料也可以；吃完后，将蘸汁倒进碟中；丈夫也不会再劝食。图9是素面的吃法。

从中国传来的"手拉素面"被完全改成了日式的吃法，进而

---

① 关于"猪口"一词的起源有几种说法，但都与猪嘴无关。最早的猪口杯是在日本料理中盛放少量凉拌菜用的器皿。到了江户时代中期，开始作为酒器和盛放荞麦汤汁用的容器。——编者注

图9 素面的吃法
资料:《女诸礼绫锦》

被日本人所接受。从素面入手的话,找不到和现在的拉面谱系有
关的东西。

乌冬面的发祥

乌冬面是将面团擀大擀薄,与素面不同的是,制作乌冬面时
不用油,而是加盐使其中形成的面筋更加筋道。另外,乌冬面不
用手抻,而是用擀面杖擀,再用刀切成细长条状,属于手打的切
面。如我们在之前提到过的,唐代出现了名为"不托"的切面,
在宋代则有用刀切的经带面。之后,各式切面陆续登场。

另外,据《一衣带水:中国料理传来史》记载:"日本平安时
代中期至镰仓时代中期对应着中国的宋代,那时是中国面食的完
成期,在此之前被称为汤饼、水引饼、牢丸等的面食逐渐被称为

'面'。日本也在那时开始使用'面'这个字，因此认为这些名称是和制作方法一并在宋代再次传入日本的。"换句话说，宋代面食系统完成后，唐代的"饼"也被称为"面"，而这个"面"跟着留学僧再次传入日本。

切面是什么时候在日本出现的呢？有说法称，法隆寺保存的《嘉元记》①中出现了"ウトム"（utomu）一词；还有一种说法称，切面是从14世纪的日本南北朝至室町时代开始有的。"きりむぎ"（切麦）一词出现在室町时代后期的《山科家礼记》中。室町时代初期的《庭训往来》中有"餛飩""饅頭""素麺""基子面"等文字。室町时代中期的《尺素往来》中则记录了索饼需热蒸、"栽面"要冷却后过凉水洗。但遗憾的是，关于切面在日本的发展路径，一直没有明确的答案。或许，就是从镰仓至南北朝时代开始的吧？

可是，为什么相比于"手工拉面"，用刀切的"切面"出现得更晚呢？是因为手工拉面的制作方式更简单，还是因为没有那么多的小麦粉来制作切面呢？但是从镰仓时代中期开始，人们就将大麦、小麦作为稻田的复种作物进行栽培，已经能较为轻松地获取小麦粉。由此看来，需要同时考虑这两方面的原因。中国面食的发展也是如此。日本明治时代，出现在华侨居住地的手工拉面迅速被机械化制作的切面替代。此时，手工制和机械制这两种技

---

① 记录了从镰仓时代后期到南北朝时代的法隆寺及其周边的事件。——编者注

术人们都已经掌握了。

到了室町时代，切面开始普及，"乌冬面"这一叫法也逐渐固定下来。据《日本食物史》（上）（雄山阁）记载："'饂飩'（うんどん）一词见于室町时代初期的辞典中，而'饂飩'（うどん）应是室町时代后期的东西。将'うんどん'（饂飩，undon）简化成'うどん'（乌冬，udon），经历了一百多年的时间。其实'うんどん'一词也保留了下来，在天明时期的《江户町中食物重宝记》中有'干うんどん'的记录。"图10是乌冬面店门口的场景。

图10 荞麦切、乌冬面店铺的门口
资料:《绘本御伽品镜》

到了江户时代，出现了"饂飩"（うんどん）、"饂飩"（うどん）、"温飩""温麵""うんどん""うどん"等各种叫法。对于乌

冬面名称的变迁，江户时代中期的《嬉游笑览》中有所提及，因是食物，"混沌"二字被后人改为"食"部首。又因其放入热汤中煮食，由此加"温（昷）"字而叫作"餫饨"，但这是弄错了"热麦"的名字。"混沌"原是在擀平的面皮中包入剁碎的猪肉馅后再煮熟的食物，即后来的"馄饨"，这里却成了细长条状的乌冬面。

在此简要说一说日本独有的"热麦"和"冷麦"。《饮食日本史》（青蛙房）中写道："现在切成细长条状的乌冬面，在过去叫作'切麦'，'切麦'加热就是'热麦'，冷的'切麦'就是'冷麦'，不知什么时候它们被划进了乌冬面的范畴中。"也就是说，切麦原本是一种手打面，从切麦中诞生了乌冬，也产生了热麦和冷麦两种吃法。现在，"热麦"这一名称已经消失，只有"冷麦"留了下来。而且，甚至产生了通过面条粗细来区分乌冬面和冷麦的方法。

皮带面、宽扁面也是日本独有的面食。江户时代中期的《和汉三才图会》中记载，皮带面就是简单地煮干面条，和最近的"平素面"相似。幕末的《守贞漫稿》中写着，江户的皮带面就是"平打乌冬面"，而在尾张的名古屋，则被叫作宽扁面。

宽扁面的做法在江户的《料理山海乡》中有记载：①不加盐；②把面切成长方形，不煮，直接炖；③加入大块干松鱼刨片；④或将干松鱼刨片揉进面团中；⑤如果汤汁太黏稠，味道会变差，因此要少撒打粉。现在名古屋"味噌煮"的制作方式是用不加盐的面直接放入做好的味噌中炖（不煮），这和宽扁面的做法非常相近。关于宽扁面的名称由来，有源于"纪州面""雉面""雉子面""基子面"等各种说法。

乌冬面的吃法

乌冬面在室町到江户时代迅速在普通民众之间普及开来。许多料理书记录了其做法和吃法。进一步说说乌冬面的吃法的话，据江户时代初期的《料理物语》记载，以在大酱汁中加入胡椒粉、梅干为佳，而且胡椒和梅干都是常用的材料。如今日本人喜欢在拉面上撒胡椒粉，说不定正是传承自江户时代先人们吃乌冬面的方式。热腾腾的食物让五脏六腑都舒展开来，梅干可以起到缓和热气的作用。现在，梅干换成了促进消化的萝卜泥。《本朝食鉴》认为大酱汁、鲣鱼汁、胡椒、白萝卜汁都是不错的选择。趁热吃也能暖胃、防止腹泻。

江户时代中期的《和汉三才图会》中，有使用酱油汁的记载。终于，和现在一样的佐料汁开始出现了。《料理山海乡》中，详细记载了鲣鱼汤酱油汁的做法。

更进一步探究乌冬面的吃法，会不断发现与酱油搭配的方式。此外，在喜爱糊食的日本人之间，搭配酱油吃面的方法也迅速普及。可以看出，从中国学习了制面方法的日本人，在消化、吸收这种技术的同时，也接受了已经日本化的和食——乌冬面（切面）。在此之后，拉面的吃法也以完全相同的方式被日本化了。

荞麦切的发祥

在日本，荞麦切有着独特的吃法。实际上，荞麦切的制法和吃法成型于江户时代，其对日本拉面的创作也产生了影响，笔者认为或许说是影响深重都不为过。关于这种关系，我将在第五章的"从日本荞麦面中吸收技术"中重新论述。

日本独特的荞麦切，是如何被创造出来的呢？石磨传入日本之后，获取荞麦粉变得更加容易。据说在镰仓时代中期，从宋朝归国的圣一国师带回了米粉、小麦粉和荞麦粉的制粉方法，因此他也被称为"荞麦国师"。直到现在，日本关西的荞麦面店在1月16日圣一国师忌辰这天，都会去奈良的东福寺做法事。

另外，虽然丰臣秀吉十分喜欢荞麦面，可那时还没有荞麦切这种食物，他每天晚上享用的是烫荞麦糕（烫荞麦面饼）。荞麦切是什么时候开始出现的呢？江户时代初期的《慈性日记》中有记载，近江多贺神社的社僧慈性常被江户的常明寺招待吃"荞麦切"，时间一长，这一食物也就出现在文献中。但是，后来据说在比《慈性日记》早四十年的信浓的《定胜寺文喜》中，发现了"荞麦切"的记录。还有说法称，江户时代初期的宽永年间（1624—1644年），朝鲜僧人元珍曾在南都东大寺内教授制作荞麦切的技术。

荞麦粉不能像小麦粉一样形成面筋，因此如何使其具有黏性就成了最大的课题。即使到了江户时代中期，人们也仍在就荞麦切的黏性问题做着各种各样的尝试，像是调节水温，加入糠、砂糖、牛奶使其在水里不易化开等。江户时代中期的《荞麦全书》中，记录了增加荞麦切黏性的各种尝试：①只用荞麦粉，味道很好但面条容易断裂、化开；②糊化的米等谷物有一定效果，但味道不好；③豆腐和鸡蛋等不同种类的蛋白质会使味道变差；④山药的效果非常好，但价格不便宜；⑤将小麦粉作为调配粉使用，面条不易断开，煮的时候也不易化。在改良拉面面质的过程中，那些日夜钻研的料理人的身影浮现了出来。即便在江户时代，先人们也在持续不断地努力着。

之后，将小麦粉和荞麦粉以2∶8的比例混合，先用擀面杖擀面，再用刀切面的方法被研究了出来。如此一来，宽文四年（1664年）时就出现了"二八荞麦"，直至今日，这依然是荞麦面的标准配比。图11是江户的卖

图11　江户的卖面场景
资料：《人伦训蒙图汇》

55

面场景。

此外还有一种说法,据说在天保年间(1830—1844年),"盛荞麦面^①"和"汤荞麦面^②"的价格是十六文钱,"二八十六",故取名为"二八荞麦"。但后来由于名为"逆二八荞麦^③"的低劣荞麦切在市面上大量出现,"二八荞麦"这一称呼也随着品质下滑而渐渐消失,成了劣质荞麦面的代名词。现在,人们不再使用荞麦切这个叫法,而是荞麦面。

关东、关西口味的差异

在江户时代初期,乌冬面和荞麦切曾是点心店的副业。到了中期,比起乌冬面,江户人将所有的关心都给了荞麦切。这一习惯直到现在依然延续着,有"关西的乌冬面,关东的荞麦面"一说。关西受惠于能够栽培出用于制作乌冬面的优质小麦土地,而关东被火山灰地环绕,荞麦收成很好。在气候风土的差异下,八代将军吉宗掌政的享保年间(1716—1735年),在江户爱好荞麦面的人增多,而且多于喜欢乌冬面的人。

---

① 盛荞麦面(もりそば),将荞麦面盛放在竹笼上,蘸着酱汁吃的荞麦面。——编者注
② 汤荞麦面(かけそば),浇了热汤汁的荞麦面,也叫作浇汁荞麦面、清汤荞麦面、净面。——编者注
③ "逆二八荞麦"指的不是荞麦粉与小麦粉的比例是二比八,而是对即食荞麦面和立食荞麦面的戏称。——编者注

在此，对荞麦切在关东与关西表现出的差异一并进行说明。这种差异与"当地拉面""私房拉面"①的喜好区别有关。关东的荞麦面店卖的品类有天妇罗荞麦面、鸭南蛮荞麦面、霰荞麦面、花卷荞麦面等数种，没有卓袱荞麦。卓袱在幕末传入关东，成为配菜。在江户，如果在荞麦面店中不点餐的话，店家就会上一碗荞麦面，吃乌冬面则需要去乌冬面台点单。关西没有关东人喜欢的荞麦汤、盛荞麦面和烫荞麦糕。除此之外，关西将乌冬面视为素面，关东则将其作为冷麦面。

话题稍转。日本料理主流的形成过程为精进料理→怀石料理→会席料理，在这之间，有京都好淡口、江户好浓口的说法；发挥食材本味，具有女性特色的关西风味，以及大量使用酱油、具有男性特色的关东风味也由此诞生。有说法称，这是由于关西容易获得新鲜的食材，而关东则在保持食材鲜度上颇费功夫。后来，人们对拉面喜好的地域性差异也由此萌芽。

此外，在江户荞麦面店大流行的背后，也有让荞麦面爱好者忍俊不禁的趣事。事情发生在浅草道光庵的和尚身上。道光庵是安土桃山时代的庆长元年（1596年）在汤岛创立的京都知恩院的子院。从信州松本来的和尚非常喜欢做荞麦面，一传十，十传百，道光庵而后变得门庭若市。道光庵的和尚怠慢了修行，做起了荞麦面店的生意，这种情况激怒了本寺知恩院，于是被迫在庵

① "当地拉面"注重拉面制作的地域，"私房拉面"注重制作拉面的人。——译者注

门口立了一座刻着"不许荞麦入境内"字样的石碑。这座寺院几经大火，现迁移至世田谷的寺町，那断成两段的石碑也被修复，如今依然立在庵中。荞麦面店叫作"某某庵"的非常多，这是因为店主们希望自家店铺的生意可以像道光庵一样红火。

让我们把话题继续转回关东和关西面食口味的差异上。《日本食物史》（上）中对京阪①的乌冬面店有如下叙述："卓袱乌冬，是在乌冬面上码上烤鸡蛋、鱼糕、香菇、慈姑等配菜。安平乌冬，是在卓袱乌冬中加上葛粉酱油。鸡蛋乌冬，是在乌冬面上浇上蛋液。小田卷蒸，是加入与卓袱乌冬相同的配料，倒入蛋液后蒸。即便是售价十六文的乌冬面、荞麦面也用平盘盛。而卓袱乌冬以下的乌冬面是碗装的。"江户的荞麦面店会询问客人是要"浇热汤"（かけ）还是"盛出来"（もり）。"霰荞麦面，是将蛤蜊肉放在荞麦面上。天妇罗荞麦面，是在面中加入三四只油炸对虾。花卷荞麦面，是将干紫菜揉过后放入面中。东京的卓袱和京阪的一样，是从京阪传来的。"

但到了宽文年间（1661—1673年），在吉原的花街柳巷中出现了"悭食②荞麦面"。其创作者仁右卫门态度冷淡简慢，对生意不感兴趣，这样一碗充满悭吝态度的悭食荞麦面却广受好评，得到了江户人喜爱。元禄二年（1689年），荞麦面的人气逆转，享

① 京都和大阪。——译者注
② 日语中"悭食"与表示粗暴、冷淡的"つっけんどん"读音相近。——译者注

保年间，荞麦面店的生意和乌冬面店的生意相当。此外，到了江户时代中期，夜鹰荞麦面和风铃荞麦面登场。在关西，夜啼乌冬面受到追捧。随着时间的推移，唢呐的声音也伴着拉面食摊的出现响了起来。

图12

另外，到了江户时代中期，石臼普及至农村，制作荞麦粉、小麦粉在普通百姓之间流行起来。以荞麦粉和小麦粉8：2的比例制作的荞麦切，被叫作"生荞麦"，即便在今日，"生荞麦"也得到内行人的珍视。由于这种荞麦切在煮的时候容易化开断掉，因此在江户时代会用蒸笼来蒸着吃。

那样的廉价小店在江户时代的宽政期间就完全没落了。连连的歉收和火灾，使荞麦面店、乌冬面店等的行商①也屡次被禁。但是，民众对面食的热爱并没有因此消减，天明七年（1787年），江户有六十五家荞麦面店，而到了万延元年（1860年），荞麦面店的数量增至三千七百六十三家。虽然这些店铺规模不一，但以现在东京有荞麦面店六千家左右的数量来做参照，就能明白江户人有多喜欢荞麦面了。经历多次歉收和火灾，乌冬面、荞麦切、

① 行走叫卖商品的人。——译者注

素面、馒头的买卖被禁，禁止行商店铺的禁止令也出台了。

但是，荞麦切因契合江户人的口味，在之后迅速普及，甚至渗透进普通民众的休闲娱乐中，"细工荞麦面"开始流行。融入与和服颜色相称的当季食材的荞麦面，有鲍鱼切、鲷鱼切、矶切、虾切、柚切、橘切、胡麻切、罂粟切、山葵切、菊切、百合切、海胆切等多达五十种。像这样反复地锤炼创作，是日本人最擅长的事情。

时间继续，到了明治时代，江户时代荞麦面店的风俗被完整延续了下来。但以大正十二年（1923年）的关东大地震为转机发生了巨大变化。店内的榻榻米变成了地板，摆上了椅子和桌子，主流的手打荞麦面越来越少，取而代之的是猪排饭、亲子饭、咖喱饭等洋食，然后是中国荞麦面。

到今日，对喜欢吃面的日本人来说，仅仅有手打荞麦面已经逐渐无法满足人们的需求，于是日本人开始研究量产化。第一台制面机由佐贺县的真崎照乡创造于明治十六年（1883年）。之后，制面机器不断改良，从大正到昭和，机器面的产量有了显著提高。很长一段时间内，机器面都处于全盛时期。

但机器面在口味上的不足开始一点点地显现出来。例如，使用同样的小麦粉，手打面需要加入40%～50%的水，但机器面却只要30%～35%。如果不能做出干透的面团，面的黏性会使其难以形成面带，机器操作也会变得困难。在面筋形成不足的情况下，机器面也就变得没有韧劲。

此时，机器面的技术向前迈了一大步。在此之前的制面方法，需要在小麦粉中加水再慢慢揉捏。这是为了慢慢促使面筋形成。但转变想法之后，开发出了在每分钟转动数千次进行搅拌的混合机中，将小麦粉的粒子与水雾瞬间进行混合的方式。这种方式使加水量增加，面筋得以充分形成，面条的口感明显有所改善，面条煮熟需要的时间变短，煮时不易化开，煮面的成品率也提高了，做出的面条也有韧劲，被叫作"多加水熟成面"，口感接近手工拉面和手打面。此前区别较大的"手工拉面""手打面"和"机器面"之间的差距越来越小。此外，通过调整pH值产生的抑菌效果、水分活性、脱氧剂、冷冻等技术，使袋装面、半生面、冷冻面等可长期保存且筋道的面被开发出来。先人们倾注在面条上的执念和努力结出了丰厚的果实，现在是一个无论何时都能轻松享用刚煮好的美味面条的时代。

荞麦面的吃法

让我们再次回到江户时代。江户时代初期的荞麦切黏性十分不足，煮的时候不仅容易断而且容易化开，因此当时的人费了不少功夫研究它的吃法。用于增加黏性的材料在前文中已经提过，接下来说一说煮法。荞麦面不是一次性煮熟，而是需要先稍微煮一下，再用蒸笼蒸，因此也叫作"蒸笼荞麦面""蒸荞麦切"。这个名称的余韵亦影响了容器的名称。因为是盛在蒸笼中，所以用

"盛"来表示容器。到了明治时代，"笊"代表加了海苔的荞麦面，而这个词原本是指盛在竹笼屉上的荞麦面。江户深川的荞麦店，特制了一种具有浓郁味道的蘸汁，深受江户人的喜爱。

荞麦切的吃法在江户时代的众多文献中均有提及。概括起来有以下几点：①所配蘸汁和乌冬面的蘸汁一样；②佐料以山葵、芥末、萝卜泥、干松鱼刨片、细葱为佳；③放了一晚已经发胀的荞麦切，浇上热茶，可以恢复到刚煮好的状态；④如果吃多了，可去药店买杨梅咬着，当场就能消化。到了江户时代中期明和年间（1764—1771年），"浇"（浇汁荞麦切的简称）这一豪爽的吃法流行于"荞麦通"之间。浇上汤汁，迅速吃完，这是一种与吃乌冬面截然不同的吃法。

另外，也是从这个时候开始，在浇汁上加入各种食材的面陆续出现。受欢迎的有卓袱荞麦面（宽延时期）、花卷荞麦面（安永时期）、鸭南蛮荞麦面（文化时期）、天妇罗荞麦面（文政时期）、阿多福荞麦面（幕末时期）。此外，到了明治时代，出现了可乐饼荞麦面、咖喱南蛮荞麦面、咖喱猪排荞麦面。乌冬面和荞麦切里的配菜，放在上面的叫作"上置"。在各地本土的荞麦面中，出现了多种多样的"上置"。日本人关于丰富配菜的想法在拉面的面码中得到了完美重现。从这一点上，也可看出将面视为主食的中国人，与日本人在喜好上的巨大差异。

据《江户东京美食岁时记》（雄山阁）中的描述，美味的荞麦面要有嚼劲、口感筋道，面胀得恰到好处，有黏性，面条爽滑，甘甜美味，颜色清爽，香气扑鼻。日本人对拉面的嗜好是与之一脉相承的。

拉面"迟到"之谜

从中国传来的制面技术，在日本是如何被吸收、消化的，我在之前的篇章中已经对中国面条的创作过程做了详尽的回顾，另外也对日本人独有的面的"吃法"进行了说明，但一定有读者对日本拉面为何迟迟不现身感到困惑。

在此，对面在日本的发展历程再次进行梳理，概要如下：唐果子（奈良—平安）→索饼～索面→素面（平安—镰仓—室町）→乌冬面（室町）→荞麦面（江户）。之后是机器面（明治中期）→拉面潮（第二次世界大战后）→速食拉面～杯面（昭和三十三年至四十六年）、意面（20世纪后半叶）。

作为结论，可以说江户时代以前的日本人对中国的面食根本毫无兴趣。但是，在第二次世界大战之后，拉面潮却急速卷来。这其中的谜团我们暂且搁置，从下一章开始，终于要进入拉面的故事了。

第三章

日本拉面的萌芽

日本拉面诞生前夜

虽然日本人没有全盘接受中国面食的吃法，但在明治维新之后，拉面逐渐出现在日本。首先，在日本各地出现了"支那乌冬面""南京荞麦面""炒乌冬面""支那荞麦面"。这些面食都是由中国来的厨师做的，华侨和中国留学生常常光顾。但后来这些面食也吸引了日本食客，其味道也因迎合食客的口味而发生了变化。此外，吃拉面的场所也接二连三地涌现，有以中国人为消费对象的食摊、吹着唢呐的中国荞麦面摊、亲民的中国饮食店和百货商店的美食广场等。

在此尤为引人注目的是大正时代的中式饮食潮。这不仅为后来日本接纳"油料理"和"猪肉料理"打下基础，也使普通大众逐渐喜欢上中国荞麦面。

不过，在了解这些历史变化之前，还有几个必须要解决的问题。

江户时代中国面食的尝试

上一章的结尾提到江户时代以前的日本人丝毫不关注中国的面食，实际上，这其中也有不少例外。

其中一个例外记载于《进化中的面食文化》中。室町时代中期，京都五山之一的相国寺中的僧侣将其尝试制作《居家必用事类全集》中的经带面一事写进了《荫凉轩日录》中。《进化中的面食文化》中写道："为了再现经带面，要像书中所写的那样，取一些碱溶于水，用碱水和面，再将面切成带状。但日本原本没有碱，当时也没有小苏打（碳酸氢钠）或碱水，也许当时无奈之下用的是灰汁^①吧。"但使用了灰汁的经带面似乎不合日本人的口味，所以之后并没有流传开来。

《水户黄门的餐桌》（中央公论社）一书则记载了另一个例外。江户时代初期的宽文五年（1665年），水户藩第二代藩主德川光圀（水户黄门）请来了居住在长崎的朱舜水^②，后者以位于小石川的后乐园和汤岛圣堂最为人所知。据说朱舜水用中国的面条招待了光圀。面粉中使用了藕粉这种淀粉来增加黏性，汤用火腿熬成，再加上川椒、青蒜丝、黄芽韭、白芥子、芫荽^③等五种香辛料，这是具有拉面风的中国面条。尽管这面的味道到底如何，我们不得而知，但《水户黄门的餐桌》的作者小菅桂子认为，元禄时代的拉面就是由朱舜水带来的，而日本第一个吃到拉面的人则是水户黄门。的确，水户离江户很近，有非常多的机会可以接触到外来文化，光圀也喜欢朱舜水和心越禅师带

---

① 植物灰浸泡过滤后得到的汁水，主要成分为碳酸钾，呈碱性。——译者注
② 朱之瑜（1600—1682年），号舜水，浙江余姚人。明朝思想家、文学家、史学家。其号"舜水"为余姚江的古称，是朱之瑜于移民日本后所起，以示不忘故国故土之情。——编者注
③ 别名香菜。——编者注

来的南蛮食物。此外，水户藩第九代藩主齐昭著有《食菜录》，其中记载的料理多达三百种。水户藩历代藩主均是美食家，这实在少见。

但是，在从江户到幕末的二百多年间，几乎找不到关于江户面食的文献记录，而中国的面食对日本人来说，是异国的食物，完全不合口味。

三个难关

江户时代之前的日本人为什么不喜欢中国的面食呢？原因就是，当时的日本人在转变为拉面狂热爱好者之前必须跨过三个难关。分别是：肉食禁忌；用油烹调食物的禁忌；制作碱水的方法（极其困难的一关）。

首先是肉食禁忌。自天武天皇下达《杀生禁断令》之后的一千二百年间，日本人彻底转变为完全不吃牛肉、猪肉等肉。但是，明治维新结束锁国政策之后，日本迅速近代化，为了跻身欧美先进国家的行列，就有必要引入西方文明。因此，为了增强体质，消除日本人在体力上的自卑感，才有了肉食解禁。1872年，明治天皇下令颁布《肉食解禁令》。之后，政府及知识分子也积极推动引入正宗的西方饮食。但是，普通民众并没有全盘接受他们原本并不喜欢的肉食，而是研究出了用味噌和酱油调味的具有日本风味的牛锅和寿喜烧。此外，通过普通百姓的智慧创造，炸肉饼、咖喱饭、可乐饼等和风化的西方饮食接连诞生。诸如此类的转变尤为需要时间，例如炸猪排从无到有就用了六十年。并且，在肉食普及的过程中，民众接受猪肉花费了更加漫长的时间。江户时代初期，猪肉从中国内地经由藩属琉球国传入日本九州的萨摩藩，即使南蛮料理和卓袱料理中都使用了猪肉，但当时的日本人却并不认为猪肉是什么高级食物。明治维新之后，牛肉率先普及开来，而猪肉因与野猪肉相似，与文明开化的风潮不符，在新时代的食物中更加被敬而远之。因此，明治三十年（1897年），农商务省开始从美国引入种猪，这时大众才终于逐渐习惯猪肉的味道。中式饮食潮流在大正年间（1912—1926年）到来，比西方饮食晚了很久。

接下来是日本人对用油烹饪食物的忌讳。毋庸置疑，中国料理可以说是巧妙的油料理。中国人在烹饪中多使用圆底锅和油脂。而以寺院饮食为基础的传统日本饮食中，仅仅发挥了"割烹"的技术。"割"即为切，"烹"则是给食物加热。换言之，中国菜以用油为基础，日本菜则体现了世界范围内都少有的可称为油脂缺乏症的饮食文化。若说到江户时代普通民众认为的美味佳肴，那就是团子、馒头、年糕小豆汤、酱烤豆腐串、凉粉、乌冬面、荞麦面、天妇罗、手握寿司、烤鱿鱼、鳗鱼饭等食摊上的快餐食品。这也就是第二章所说的，日本面食文化的发展具有忌讳用油的倾向。

最后，在当时的日本要获取碱水是非常困难的，因此无法用碱水做面。那么这个问题是如何解决的呢？让我们慢慢道来。

使羊羹和风化的惊人技术

话又说回来，日本人具有一种特技，那就是无论什么外来食物，一旦他们将其消化、吸收，接下来只要花时间就能将它们变得具有"和味"。羊羹就是一个很好的例子。

羊羹是一种砂糖果子，日文写作"羊の羹"（ひつじのあつもの），现在的日本人多少会觉得有些奇怪，为什么要写作"羊羹"呢？镰仓时代，羊羹从中国传入日本，因佛教信仰而避讳食肉的日本人用与"羊肝[①]"颜色相近的小豆代之为原料。室町时代，茶道盛行，羊羹因适合做喝茶时搭配的茶点，遂成了日本代表性的和果子。蒸羊羹，是将小豆馅、砂糖和小麦粉混合蒸熟后做成食物，味道很好但无法长期保存。

此处，日本人进一步发挥了他们的智慧。在实现了用石花菜制作寒天[②]后，安土桃山时代，京都的伏见骏河屋发明了"炼羊羹"。它的做法是将小豆馅、砂糖和寒天混合后冷却，使其凝固，"炼羊羹"含糖量高，可以长期保存。有这样一个例子，据说早期从中国传来的一种像是在中国的馒头中加入小豆馅的面食，汉字写作"牛皮"（ぎゅうひ），日本人因对肉食忌讳而将其改名同音

① 羊肝饼。——译者注
② 亦称琼脂，是从海藻类植物中提取的胶质。——译者注

不同字的"求肥"。从这种和风化的技巧中可以感受到日本人与中国人不同的那种永不满足的强烈执念。日本人花费大量时间将中国的面食进行和风化改造，最终创造出日本拉面，其中也饱含着先人们一以贯之的努力。

冲绳荞麦面的由来

历史一点点向日本拉面诞生的时间推进。现在我们先看看冲绳荞麦面吧。充满个性的冲绳荞麦面，也叫作"うちなあすば"，据说是四百五十年前中国藩属琉球国时期从中国福建传来的。传闻称，四五百名册封使（使者）来到冲绳，在此逗留了半年之久，带来了日本最早的猪骨汤。不过，通常认为的冲绳荞麦面，是在明治时代中期以后从福建传入的宽面（这种宽面中使用了灰汁）演变而来的。

冲绳荞麦面的烹饪形式介于中国面条和日本乌冬面、荞麦面中间，面条粗且筋道。在探寻日本拉面源头的历程中，冲绳荞麦面令人颇感兴趣。冲绳荞麦面的特点是，虽名为荞麦面却不用荞麦粉，而是用小麦粉混合细叶榕的灰汁或从长崎传来的灰汁，用手揉捏，煮好后在面的表面涂一层油等。

将猪骨和鸡骨充分熬煮成浓稠的高汤，加上干松鱼的出汁，制成没有杂质的汤底，再放上三片猪肉、鱼板、红姜、葱、溏心蛋；若再添上叫作"ソーキ"的排骨肉，就成了排骨荞麦面。据称红烧猪脚汤面和排骨荞麦面颇为相似，用的都是粗面；将鸡骨汤调成酱油味，配菜有西红柿、笋、紫花豌豆，再加上用酱油充分炖煮的猪脚。通过这款食物，冲绳和福建建立了深厚的历史联结，并形成了与日本本岛不同的饮食文化，它的独特性在于使用了猪肉和油，并且，这种文化的形成几乎没有遇到任何阻力。

横滨的居留地和华侨

差不多是时候从横滨开始说说日本拉面萌芽时的事情了。幕府末期的1859年6月2日，在结束了长期的锁国政策之后，横滨开港，自此成为通商港口。笔者作为土生土长的横滨人，还记得各中小学校在6月2日开港纪念日当天放了一天假。1871年，随着《中日修好条规》的签订，山下町一带成了居留地，大量从中国广东来日谋生的华侨在此居住。到了1879年，居留地中已有超过两千名中国人。随后，便有了以这些华侨为目标群体的"柳面"摊。在粤语中，"柳面"发音为"捞面"。

不同于用手拉抻的拉面，柳面是用刀切的，再配上用猪骨熬成的有淡淡咸味的汤头，不加任何配菜，这种质朴的感觉让在日本居住的广东人想到故乡的粤菜滋味，这是属于他们的"捞面"。1899年，条规修订后，居留地的人们可以自由地在居留地外经营食摊生意。随后，"捞面"逐渐吸引了日本食客前来光顾。此外，

"南京街的荞麦面"也不知从何时起变成了"南京荞麦面"。有人评价说，只要去南京街，就能品尝到中国人做的正宗荞麦面。到明治时代后期，这一名称变成了"支那荞麦面"。

现在的一些文章中还能看到描写那时南京荞麦面的片段。明治三十八年（1905年），中国荞麦面摊的生意很好，出生于横滨的狮子文六在《南京料理事始》中写道："第一次吃中国料理，即便是顽劣的我，也需要鼓起不小的勇气。（中略）不论是进去坐下，还是看见面，心里都憋得慌，也说不上是好吃还是难吃。"日本人长期避讳肉食和油，猪肉和猪油的肉腥味于他们而言着实是难以接受的。

因此，为了满足喜好酱油的日本人，经营食摊的人采用了具有关东风味的酱油，并不断进行尝试，希望能去除面中的肉腥味。酱油的使用也使中式面汤开始转变为和式。如之前提到的，长久以来，日本人的吃面方式都是以酱油为基础建立起来的。南京荞麦面也一点一点被吸收进日本的面食文化中。

渐渐地，开始出现南京荞麦面的行家。作家长谷川伸的《自传随笔：长谷川伸半代记》（宝文馆）中写着，1900年，时年十六岁的长谷川伸在横滨的居留地中穿行时被那一带的魅力吸引，成了附近南京街一家名为"远芳楼"的饭店常客。长谷川伸在书中写道："捞面是我愿意去吃的，吃到了好吃的捞面，也总要吟歌。（中略）猪肉荞麦面要五钱，猪肉丝煮熟后和切得小而薄的笋片轻轻码在面上，搭配着荞麦面和汤汁的味道，再没有比这美味的了。热汤是免费的。只要说一句'热汤'就行，不用再多说一句废话。我在远芳楼也只说'拉面'和'热汤'两个词。"长谷川伸说横滨的捞面非常好吃，每天吃都不会腻。

美食家池波正太郎在《池波正太郎的美食散步》（平凡社）中这样写道："'德记'饭屋位于僻静的后街胡同深处，那里的拉面味道好极了。我那出身横滨，现已过世的恩师长谷川伸曾一直惦记着明治时代后期中华饭屋的拉面，我真的很想让他尝一下，可惜……恩师不说'拉面'，而说'捞面'。"①

在与横滨同为通商港口的神户和长崎，因当地的华侨逐渐增多，以他们为目标客户的饮食店也逐渐增多。其后，在横滨、神户、长崎形成了日本的三大中华街。

只不过，中国拥有广袤的土地，其面积大约是日本的二十六倍，因此，中国料理不是只有单一一种。简单来说，以长江为界，有北方菜系和南方菜系之分。其中面食的特点也有很大差异。这一点在第一章的"中国人的吃面方式"一节中已经叙及，但因其与日本的面食相关，现在再次回顾一下。中国北方不使用碱水的粗面和用酱油调味的浓汤，从横滨传入东京，形成了浓口酱油文化圈；而中国南方用碱水制作的细面和清淡的咸汤，则影响了长崎的强棒面和炒乌冬面。这些面食被不断调整，以适应日本人的口味，进而发生了巨大的变化。在这变化中竟可以看到日本拉面

---

① 译文参考：《池波正太郎的美食散步》，何慈毅、何慈钰译，中信出版社，2018年。——译者注

的身影。

长崎的强棒面、炒乌冬面

接下来，让我们暂时将目光转向长崎。当时在长崎出现了既不是乌冬面也不是日本拉面的中式面食，即"长崎强棒面"和"炒乌冬面"。

明治二十年（1887年），陈平顺从福建来到长崎，开了一家名为"四海楼"的中餐馆。但他没有想到来长崎的华侨和留学生竟如此贫穷，于是他将简单的食材混合，发明出一种便宜好吃、营养丰富、分量又足的面食。四海楼的面大受欢迎，被称为"支那乌冬面"。到了大正时代，这面又被叫作"强棒面"。其做法是将猪肉、鸡骨、鱼、小虾、鱿鱼、牡蛎、花蛤、竹蛏、葱、豆芽、洋葱、大蒜、胡萝卜、圆白菜、笋、香菇、木耳、鱼板、鱼卷和鱼肉山芋饼等超过十五种食材用猪油翻炒后倒入用猪骨和鸡骨熬成的白色高汤中，加面后一起煮熟。调味用的是浅色的长崎酱油。面是使用高筋面粉和低筋面粉以5∶5的比例混合，并加入灰汁，取名"强棒面"。这种面条的粗细介于乌冬面和拉面之间，灰汁赋予了面独特的风味，亦使其可以长久保存。如此一来，面、汤头、配菜三者融为一体的面条便给人们带来了十足的满足感和饱腹感，可以说它是日本拉面的原型之一。

据说陈平顺发明强棒面的另一个理由是小气。他将每天剩下的肉、鱼贝类和蔬菜等食材不做任何加工直接炒熟，提供给员工和家属，没想到却获得了好评。之后他才将这种食物"商品化"，创造出了强棒面。

关于"强棒面"的语源，有好几种说法：有的说它是来自福建方言的"吃饭"一词；也有的说它是来过去长崎的方言，形容用于招待人的各种各样的食物；还有的说它是由五岛市福江地区的传统艺能"チャンココ（chankoko）舞蹈"中表示"钲鼓"的"チャン（chan）"和能剧中表示太鼓声音的拟声词"ポン（pon）"结合而来。

据说这长崎强棒面的原型是肉丝汤面、炒肉丝面。前者是汤面，后者则像是炒乌冬面。用三四个小时熬汤头的做法和炒面时猛火火候的掌握都很难，可以说是需要花费相当多功夫的一道菜品，其制作精髓和现在拉面的做法非常相似。在四海楼开业时的照片中，写有"支那料理四海楼馄饨"，也就是"支那乌冬面"。据说这是长崎汁乌冬面的元祖。

明治四十年（1907年）出版的《长崎县纪要》中，一篇以"チャポン"（学生喜欢的食物）为题的文章写道："今天，中国留学生遍布各地，这并不足为奇。市内有十几处餐馆，大多是中国人用牛肉、猪肉和葱混杂着做出的乌冬面，如果习惯了这种浓厚的味道，便不会生厌，学生们几乎都喜欢吃。"这是首次出现强棒面的文献。无论在哪个时代，年轻一代都满怀兴趣地拥抱新事物。强棒面的名称变化经历了"支那乌冬面"→"チャポン"→"ちゃんぽん"（强棒面）。

　　到了大正时代，还出现了关于强棒面的歌。《四海楼物语》（西日本新闻社）一书中写道："无论是跌倒还是摔跤，如果不在四海楼吃一碗强棒面，就站不起来。""吃一碗强棒面，长十个痘，学生们常这样说。这面就是这么有营养。"

　　还有一个发生在大正六年（1917年）的故事。那时斋藤茂吉到长崎医专任职，他非常喜欢强棒面，常常去吃。在此期间他爱上了陈平顺的女儿玉姬，写下了"四海楼有女名陈玉，今日也来此相见"的短歌。或许茂吉是对穿着异国服饰的女子感到新鲜好奇，怎么看都美丽，才陷入了单相思吧。陈平顺有玉姬和清姬两个女儿。

　　在强棒面漫长的发展历程中，这种食物不仅吸引了许多食客，围绕于此也发生了数不清的趣事。《四海楼物语》中写道："生于长崎的漫画家清水昆每次回到长崎都要去四海楼吃强棒面，甚至把'我去吃强棒面了'当成口头禅，对清水昆而言，去长崎不吃强棒面就像去鱼店不买鱼一样。"此外，《山打根八号娼馆》的作者山崎朋子也说："把强棒面里的菜一点一点吃掉，然后把汤喝干净，面在碗底自然地卷成漂亮的轮状。在还没有吃面之前，我对陈平顺说'汤很好喝哟'，他回复我说'山崎朋子女士这是行家的吃法啊'，我很感激。"

　　炒乌冬面和强棒面很像。做法是用汤汁勾芡，浇在油炸过或炒好的粗面上直接装盘，汤汁入味，非常好吃。现在长崎市内有百余家中国餐厅，但销售强棒面的店却超过了一千家。甚至还有狂热的"长崎强棒面会"，约二百名会员始终以审视的眼光和态度在守护着做面的传统。

浅草六区的来来轩

这回，我们在江户之后来说说东京的事。明治四十三年（1910年），朴实亲民的来来轩在浅草公园内开张了。店里销售中国荞麦面、馄饨、烧卖。来来轩被称为平民中国荞麦面店的元祖，店内装修简单朴素，对外宣传菜品便宜美味、能吃饱。那时的浅草是普通老百姓能整天游玩的地方。

在浅草，从横滨南京街来的广东厨师不断尝试，想做出适合日本人口味的面食。他们想到在猪骨汤中加入鸡骨，做出浓郁却不油腻的汤头，其味道也从咸味改为了关东的浓口酱油味；另外，还在原有葱花的基础上加入了笋干、叉烧肉和大葱。像日本荞麦面中的"种物"①一样，一碗十钱的中国荞麦面中也添加了日本人喜欢的"上置"。若是有客人点单面，店里就会响起雄壮的招呼声，"欸——来个拉面呀"。**图13**就是大正十二年（1923年）的来来轩。

最初，来来轩卖的是手工拉面，由于这在当时很少见，于是

———————————

① 有油炸虾等的汤面。——编者注

竟一传十十传百，引得客人络绎不绝。到了昭和五年（1930年），来来轩就将手工拉面改为半手工的杆面了。将长长的竹竿作为杠杆来压制面团，再将筋道的面团放入制面机中加工。昭和十年，就完全变成了用机器做的切面。在拉面被叫作"支那荞麦面"的时代，面的做法经历了从手拉到手打，再到机器制作的变化过程，这些做面方式的名称也开始被混用。

图13　大正十二年的来来轩
资料：《日本拉面物语》讲谈社

　　来来轩的创始人尾崎贯一原本是在横滨海关工作的官员，五十二岁退休后才开始转而经营中国荞麦面店。他在完全不了解中国荞麦面能否被日本人接受的时代，脱离工薪生活，成了厨师，创造出了后来成为东京拉面祖型的"支那荞麦面"。来来轩的名字同其广告牌上的"滋养的、荞麦面、云吞七钱"一道，在东京的普通民众中广为流传，生意一直很兴隆。据说1921年时，店里还有十二名中国厨师。但是，那时店里用的大海碗并不如现在这样的华丽，而是白底，没有花纹，仅有一条蓝线的简单朴素的碗。

在第二次世界大战战火最烈的昭和十八年（1943年），一直备受欢迎的来来轩也暂时关门了。战后的昭和二十九年（1954年），来来轩在东京站附近的八重洲重新开业，虽然一直经营到昭和五十一年（1976年），但因后继无人，最终还是关门歇业了。此后，日本各地出现的来来轩拉面店，仅仅是传承了这一名字而已。

在此之后，东京拉面的基本形态逐渐形成，即用猪骨和鸡骨熬成汤头，以酱油味的酱汁调味，再加上干松鱼或昆布。这样就做出了不喜欢涩味和油味的江户人钟情的清淡中华荞麦面。面条细且筋道，配菜以叉烧、笋干、葱花、菠菜、鸣门卷和海苔为基础，后因时代的变化陆续加入了豆芽、裙带菜、煮鸡蛋、甜玉米、胡萝卜、泡菜等而受到年轻人的喜爱。

札幌的竹家食堂

这一节我们来说说发生在北海道札幌的故事，同样是说说这、说说那，信息量比较大。在第一章的"探寻日本拉面的起源"一节中，我们曾提到荞麦切的起源有信浓说、甲州说和盐尻说，日本拉面萌芽的情形与之类似，因为那时在各地几乎同时出现了拉面，所以日本拉面的起源也有多种说法。

将时间从明治时代转到大正时代。据《这就是札幌拉面》(北海道新闻社)中的记载:"把装在大碗里的黄色且有点卷曲的'支那荞麦面'叫作'拉面'(ラーメン),是在1922年10月从札幌市北九条西四丁目二番地的竹家食堂(后成为中国餐饮店)的老板娘开始的。不过,即使她把'支那荞麦面'叫作'拉面',竹家食堂的客人也不怎么说'拉面'这个词。札幌市民开始接受'拉面'一词是在昭和五年(1930年),当时市内的吃茶店也将'拉面'写进了菜单。"果然只有在拉面之城札幌才有这样简洁明快的拉面起源说——大正时代,"拉面"得名;昭和时代初期,"拉面"一词就出现在吃茶店的菜单里。

竹家食堂的故事还在继续。食堂的老板大久昌治出生于宫城县,来到北海道后在国铁工作过,也当过警察、种过豆子、经营过照相馆,但都不太顺利,换了很多份工作。于是1921年10月,他在北海道大学的正门前开了一家叫作竹家食堂的饭馆,提供鸡肉盖饭、鸡蛋盖饭、咖喱饭。

过了一个多月之后,因日俄军事冲突来到日本避难的山东人王文彩来到了竹家食堂。王文彩曾经学过厨,大久夫妇因同情他的遭遇便收留他在店里工作。此后的第二年,竹家食堂开始售卖中国料理。菜单中出现了肉丝面。用猪杂肉、鸡骨、鱼贝类和蔬菜熬成的汤头,配上用碱水做成的拉面,再加上炸过的猪肉丝,便是肉丝面了。那时的做法是将揉好的小麦粉面团放进坛子,上面盖一块湿布防止面团表面发干,如有客人点单,再从坛子里取相应分量的面团开始做面条。

　　那时北海道大学约有一百五十名中国留学生，王文彩的肉丝面一下子就博得了他们的好评。之后，因这种味道正宗的中国面食实在少见，竟也聚集了一批日本食客，他们称这面为"チャンコロ荞麦面"（清国佬荞麦面）。大久夫人对这样带有歧视意味的称呼感到不安，因王文彩每次出餐的时候都会大声喊"好啦、好啦"，根据这个"啦"声，大久夫人想出了"拉面"（ラーメン，罗马音是ramen）这个名字。当客人开始熟悉这个朗朗上口的名字时，札幌的"支那荞麦面"也迅速改名为"拉面"了。就时间来说，这比浅草的来来轩将拉面叫作"捞面"（明治四十二年，1909年）要晚一些。**图14**是大正十二年时的竹家食堂。

图14　大正十二年时的竹家食堂
资料：《札幌拉面之书》北海道新闻社

1924年，王文彩去小樽后，从横滨来的广东籍厨师李宏业接替了他在竹家食堂的位子。李宏业用手动式机器做面，并将汤头的味道改为日本人喜欢的少油清淡的口味。1925年，竹家食堂的第三位厨师，从横滨南京街来的庄景文开了一家叫"芳兰"的分店，提供一碗四十钱的叉烧面。竹家食堂的拉面可谓是奠定了战后札幌拉面发展的基石。当然这些都是后话了。

另外，1929年，王万世开始在札幌的"松岛屋小吃店"做中国荞麦面。在此之后，许多厨师不断地钻研拉面这种食物，札幌就此成为领先日本全国的拉面之城。

喜多方拉面的发祥

话题转得太快难免会让人摸不着头脑，但还是让我们把目光转投向福岛县的喜多方市吧。现在的喜多方仅有四万人，却拥有超过八十家拉面店。令人惊讶的是，这里聚集了大批喜欢拉面的人，很多人从早晨就开始吃拉面了，学校提供的伙食中也有拉面。1925年，浙江人潘钦星来到喜多方市，没有帮手，买不到碱水，在克服了种种困难之后，他创建了名为"源来轩"的食摊，这也是日本三大拉面派系之一的喜多方拉面的鼻祖。扁平卷曲且有嚼头的面条和清爽酱油味的和式风味汤头是喜多方拉面的特色。

大正年间的中式饮食潮

现在让我们再稍改话题，来说说大正年间的中式饮食热潮，因为这股热潮与日本拉面关联紧密，对它的诞生至关重要。

"一衣带水"这个词近来不常用，其字面含义是隔着一条像衣带那么窄的水面，用来形容土地离得很近。日本和中国国土相邻，从历史发展上来说也是"一衣带水"的关系。而本应为日本人所熟知的中国菜，其在日本的普及却晚于西洋饮食。究其原因，正如我们在本章开头提到的，是由于日本人避讳肉食（尤其是猪肉）。

在此，我试着用年表的方式对比一下西餐馆和中餐馆的开店情况。西餐馆方面，长崎开设第一家西餐厅"良林亭"（文久三年，1863年）→"筑地酒店"开业（明治元年，1868年）→横滨开设"崎阳亭"（1872年）→东京马场先门开设"精养轩"（1872年）→东京上野开设"精养轩"（1876年）。而中餐馆方面，继"永和斋"（1879年）在东京筑地开业后，"偕乐园""陶陶亭"也在东京开业（1883年）。由此可见中餐馆的步调远落后于西餐馆。相较于早在明治初年就开始经营的西餐馆，中餐馆直到1877年左右才开始出现且数量不多。这也可以看出当时的日本人有多么不喜欢吃猪肉。

此后中国菜在日本的发展，引用《炸猪排的诞生》（讲谈社）中的部分原文来说明："中国菜普及不及时的原因在于没有正宗的食材、普通民众不习惯用油炒菜，以及对猪肉的避讳。到了甲午战争、日俄战争之后，中国菜才开始以横滨、神户、长崎的港口街区为中心逐渐发展起来。到了大正时代后期，受广播节目的影响，普通民众更加关注中国菜。但是中国菜真正在日本得到普及要等到第二次世界大战之后了。"

接着说大正年间中国菜的发展。《近代日本食物史》（近代文化研究所）中写道："自开国以来，一直关注西洋饮食的日本人，在经历了甲午战争、日俄战争之后，随着和中国大陆频繁的交通往来，开始重新认识中国的饮食。（中略）果不其然，华侨和留学生人数的增加成了中国菜得以普及的契机。由此，横滨和神户也成了中国菜的大本营。在长崎，解除锁国令之前，中国人只能待在唐馆里，不允许擅自外出，而开国之后，中国人开始进入街市，开了很多只卖一道菜的小规模中餐馆。"到了大正时代，"比起卖相，更注重口味的中国菜，在这个时候开始迅速普及开来，呈现出一股风潮。日本人的舌头已经习惯了西餐浓厚的味道，却也轻易地就接受了吃米饭和菜的中国饮食。如同牛肉的普及引导了西洋料理在日本的发展，猪肉的普及也为中国菜的流行开辟了道路"。

接下来，说一说更具体的个人的故事：①1919年，东京大教授，同时也是家猪解剖学权威的田中宏，写下了《田中式豚肉调理》（玄文社），使普通日本人对猪肉的兴趣进一步提高；②1920年，烹饪研究家一户伊势子（女子高等师范学校教授）为了研究中国菜，专门从中国东北前往北京；③1922年，宫内省①的秋山德藏（大膳寮司厨长）为研习中国菜前往中国出差；④1926年，山田政平出版《人人都会做的中式料理》（妇人之友社），山田为中国菜的魅力所折服，他来到中国花了二十年时间研究正统的中餐味道（下一章将再次讲述山田的故事）；⑤1920年，广播上开始播放烹饪节目，其对中国菜在日本的传播起到了积极作用。就这样，大正年间的种种变化掀起了中国菜在日本的热潮。当然，所有的这些都离不开前辈们不懈努力的积累。

东京的唢呐

虽然可能有些偏题了，但笔者正致力于了解日本拉面诞生之前的时代背景和备餐习惯。对于一直忌讳的猪肉，日本人是如何适应的，这个问题也关系着日本拉面的诞生。

像是要为这个问题拉开序幕似的，东京的街头，也响起了唢呐的声音。在《东京杂记》（住吉书店）一书中，生动地描绘了从江户成为东京这一段时间里以大正时代为中心的荞麦店的变化。引用部分原文如下：

> 明治时代，从日俄战争结束之后，东京夜晚的街头也回

---

① 官内厅的前身，日本政府中掌管皇室及皇宫事务的机构。——译者注

响起唢呐悲戚的声音。叉烧面、云吞面、拉面之类的面食，虽然油腻，却挤走了锅烧乌冬、风铃荞麦①，在荞麦店的展柜里和天妇罗盖饭分庭抗礼。它们难得占据了原本属于乌冬面和荞麦面的位子，和天妇罗盖饭一起上了圆桌，半坏的座椅最终也在薮荞麦的名店里占据一席之地。如此一来，不忍池边的莲月尼推出的莲月粗荞麦面，吃的人越来越少；浅草附近的尾张屋、万盛庵等，在天妇罗荞麦面上下了不少功夫。但这其中做得好的也只有东村山蓄水池附近的一家。而东京市内的荞麦面馆仅在烧卖和叉烧面占据主舞台的大正时代后期才受到欢迎。

江户时代盛极一时的手打荞麦面馆在普通民众对中国面食兴趣不断高涨的背景下，形态也逐渐发生了变化。此外，摊贩形式的风铃荞麦面摊、锅烧乌冬面摊纷纷改卖起中国荞麦面，变成了中国荞麦面摊。失去人气的乌冬面和荞麦面，逐渐式微。

有这样一个故事。在《文人偏食记》（新潮社）的"中华荞麦面店为业"一篇中，即使是以推理小说风靡一时的江户川乱步，在年轻时也吹着唢呐、推着车卖过中华荞麦面。大正八年（1919年），在贫困中度日的江户川乱步与隆子成婚。故事就发生在那个时期：

---

① 摊子上挂着风铃，在夜晚沿街贩卖的荞麦面。——译者注

在附近的小吃店借不到钱，仅靠吃炒豆挨过三日后，我终于吹起唢呐，拉着车，开始了中华荞麦面摊的生意。虽然这生意也能赚些钱，但毕竟是在冬日寒夜里做买卖，无法长久，只维持半个月我就不干了。在那样非常贫困的境况下，我结婚了。（中略）乱步自己做中式荞麦面来卖，虽说只是炒荞麦面，但要把这面做成生意，也需要有一定的经验和技术。可见这并不是一份对料理一窍不通的人能做的工作。何况是容易热衷于一事的乱步。就算是为了生活做起了这门生意，可也需要相应的手艺和功夫。

战前中国荞麦面摊的样子，似乎也是通过唢呐悲戚的声音留在了笔者的耳中。音调是"哆瑞咪——瑞哆，哆瑞咪瑞哆瑞——"。唢呐原本被称为唐人笛或南蛮笛，是管乐器的一种。据说16世纪后半叶由葡萄牙人带入日本。唢呐的日语发音"charumela"是由葡萄牙语中的"charamela"变化而来的。唢呐这个词原本有芦苇的含义。这么说来，唢呐细长的形状确实和芦苇相似。江户和大阪的艺人会使用唢呐，在长崎，中国人开的唐人糖果屋也会用它来招揽客人。石川啄木的短歌里，回想起小时候，就有"听见卖糖果的唢呐声，我仿佛找回了，早已失去的童心"这样的句子。

此外，《近代日本食物史》中有记载："夜鸣荞麦、夜鸣乌冬①曾是冬天一景。之后虽逐渐被中国荞麦面替代，但深夜的面摊，对那时仍在营业的商店的店员来说，已经是不可或缺的东西了。"如此一来，就能明白中国荞麦面摊的发展历程了。

关东大地震之后

历史的车轮滚滚向前，没想到有一天却发生了意想不到的事情——1923年9月1日的关东大地震。

此前东京的荞麦面店延续了江户时代的样式，进门就是榻榻米，只有一小部分店里有椅子座席。手打荞麦面的味道也千篇一律，缺少变化。然而，这一切在关东大地震造成的废墟上都改头换面了。荞麦面馆引入了炸猪排、咖喱饭等洋食，面也由手工改为机器制作。夜啼荞麦面、夜啼乌冬面的食摊逐渐消失，取而代之的是中国荞麦面摊，中国荞麦面开始普及。

在昭和时代初期，中国菜，尤其是中国荞麦面，是如何融入日本普通人的饮食生活中的呢？《日本食物史》（柴田书店）中写道："直到大正年间，'洋食屋'都与和食屋有着不同的业态环境，但到了昭和时代，和洋共同经营已普遍成为当时餐厅经营的共识。反而需要通过像'日本料理店'这样的名字来辨别专营和食的餐

---

① 将售卖乌冬、荞麦的摊主的叫卖声比作夜晚鸣叫的鸟儿，故将它们称为夜鸣乌冬、夜鸣荞麦。——译者注

厅，那时西餐烹饪已经被广大国民接受消化了。另外，馄饨、中国荞麦面、炒饭、烧卖等简单的中国饮食也逐渐为人们所熟悉，成为时代的一大特色。从那时开始，在综合食堂和百货公司餐厅等的橱窗中摆放着和食、洋食、中国菜甚至是各种饮食的混合物，称其为百货食堂也不为过，它们正是世间无二的日本人复杂饮食的样本。"中国荞麦面逐渐融入普通民众的生活。昭和三年（1928年），中国荞麦面制面协会——大东京中国荞麦制造零售协会成立了。

在吃茶店吃拉面

据《这就是札幌拉面》（北海道新闻社）记载，昭和时代初期，札幌已经开始发生了各种新变化。比如，昭和五年，曾是僧侣的吉田春岳开始用手动式制面机做面，并销售给市内的吃茶店。沼久内和小仓两人将从吉田那里买来的面、炭炉、锅一起放在大板车上，吹着唢呐叫卖用鸡骨汤煮的中国荞麦面。这就是现在札幌路边摊式的"屋台拉面"的元祖。市内的"少爷""小姐""红宝石""晓""渚""朗"等吃茶店也纷纷将拉面纳入自己的菜单中。据说无论在哪一家吃茶店，十五钱一碗的拉面都比十钱一杯的咖啡更受欢迎。昭和五、六年时的札幌市民，如同对"支那荞麦面"一样，已经对"拉面"这个词有了认知。

但是，吃茶店到底卖的是什么样的拉面呢？旁边喝咖啡的客人难道不会嫌弃拉面味道大吗。《这就是札幌拉面》中写道："如果有人点拉面，先加热水，再把面下到沸腾的水中，同时从放在炉子一角的深锅中将汤舀出，加热后将清汤倒入大碗中，再放入刚才煮好的面。然后放上葱花、鱼卷、虾干。最后将面放到出菜口，大厅的服务员会将面送到客人的桌子上。客人按照自己的喜好加胡椒粉，端着大碗咻溜咻溜地吸面。清爽的汤头大多由鸡骨、贝类等熬成，飘散的香味恐怕会盖过邻座客人的咖啡香气。但拉面能提高吃茶店的营收，或许也正因此，吃茶店老板们才对拉面对喝咖啡的客人造成的困扰视为不见吧。"

在看到这些对当时情景的描写时，我似乎在不知不觉中坐上了时光机，回到了昭和时代初期的咖啡厅，在那里吃了一碗拉面。这么一说，喷气式飞机开始通航时，就有广告宣传东京银座流行的是坐三个小时飞机去札幌。不过，说到拉面，札幌早已走在全日本流行的前头，因而许多普通人对拉面都很熟悉。札幌，不愧是拉面之城。

我们再稍微聊一聊昭和时代初期的札幌拉面。1931年，车站前一家叫作"常磐"的小餐厅开始从王万世那里买面，并且每碗只卖十五钱，以此来与"竹家"每碗二十钱的面进行竞争。到了1935年，刚开业没多久的札幌格兰大酒店咖啡部也推出了二十钱的拉面，这种面一下子广受欢迎。此外，让人颇感兴趣的是，《札幌生活文化史〈大正、昭和战前编〉》（札幌市教育委员会编）中收录的一则1939年刊登的关于价格变动通知的广告，其中将中国荞麦面与饭类和面类作为同等级的类目，并写着"拉面十七钱、三仙面三十五钱"。那么"三仙面"到底是什么样的荞麦面呢？在《札幌拉面之书》中写道："煮面之前先煮贝类和肉类，给汤提鲜，再放入煮好的面，这三种食材一起就成了三仙面。"现在如果再仔细看看前面的广告，就能发现拉面被列在中国荞麦面中，且价格上涨了两钱。当时在札幌可以吃到味道正宗的中国菜，因此由日本人创造的中华风和式面食——日本拉面也就被归在其中了。在《这就是札幌拉面》中战前章节的结语写道："正因为札幌有这样的环境，因此能在战后较早地创造出拉面，有了'札幌拉面'。"

日本拉面的萌芽

在这一章的结尾，先就日本拉面的萌芽做一个快速的总结。在日本拉面诞生之前，我们说到了支那乌冬面、南京荞麦面、强棒面、炒乌冬面、支那荞麦面，这些面食出现在横滨、长崎、东京、喜多方、札幌等地，许多厨师同时也在进行着各种尝试。虽然可能会有一些例外情况出现，但在这些总的变化中大致可以看出以下四个共同点：①这些面食由来到日本的中国厨师制作；②最开始是以华侨和中国留学生为消费对象；③日本人开始对这些异国的面食产生兴趣；④经历一段时间之后，这些面食变得适合日本人的口味喜好。中国的制面技术，由唐果子开始传入日本，到镰仓、室町时代再次传入，此后通过各种面食有了第三次传播。

如果进一步概括的话，则是出现了为中国人开设的食摊→吹着唢呐，以日本人为销售对象的中国荞麦面摊开始出现→大众化的中式餐厅开业→在简易食堂、百货商店餐厅中开始提供和食、洋食和中餐等平民饮食。而像我们之前提到的，大正年间的中式饮食潮推动了日本拉面的萌芽。在那个时候，民众已经习惯将札幌的"支那荞麦面"称为"拉面"了。

但随后，日本发动了"九一八"事变、全面侵华战争、第二次世界大战。战争结束后，食物短缺，生活饥馑，终于等到世态安稳后，拉面的制作在日本各地呈现出爆发式的生长趋势。

第四章

从烹饪书看拉面的变迁

容易混淆的名称

聊拉面萌芽过程中发生的故事时,让我们再来回顾一下活跃其中的前人们的身影。在这一章中,将从面向家庭的烹饪书中追寻"拉面"得名的过程,从其中应该可以了解到拉面作为和式面食是如何被接受、如何打入普通家庭,并浸透进人们的生活中的。换句话说,这既是拉面的发展史,也是普通百姓的生活史。

日本拉面诞生之前的叫法容易混淆,所以其名称的变化也有些复杂。虽然日本拉面使用的面是中国面,但如果看以前的烹饪书,会发现面的种类的名称变化为支那素面、支那乌冬面→支那荞麦面→中华荞麦面。

另外,中国面条的制作方式有手拉和刀切,由此做出的面有乌冬面、荞麦面、净面、柳面、拉面。这些名称的种种变化,丝毫不会让人觉得奇怪。直到现在,说到中华荞麦面,也会被认为是一种面的种类,同时也是一种具体面食的名称。此外,还有因名称混用而导致混乱的例子。1928年的烹饪书(吉田诚一《美味又实惠的中式饮食的做法》)中介绍拉面(用手拉抻的面)的做法时,在中文"拉面"旁标注有日文假名"ラーメン",似乎那时就已经出现了我们现在使用的"ラーメン"一词。但是,事实果真如此吗?在笔者看来并不是。在介绍手工拉面的做法时,标注的不是"ラーミエン",而是"ラーメン"。简言之,这是混淆叫法导致的结果。尤其是现在"ラーメン"一词的语源暧昧不清,恐怕也是像这样语言混淆使用造成的吧。我们暂且一边留意着这些混用的名称，一边来看看前人们集大成的烹饪书吧。

明治时代后期的鸡乌冬面

在难以获得用碱水做的中华面的时代里，人们会使用日本的乌冬面和素面取代中华面来介绍中国面食。1909年的《日本家庭适用的中式烹调法》(日本家庭研究会)首次介绍了类似于中国面食的鸡丝面的做法。面为用鸡蛋做成的乌冬面，配菜有鸡肉、香菇、笋和菠菜，汤头用酱油、盐、胡椒调味。这或许是照着日本的乌冬面或荞麦面做成的中华风的鸡乌冬面，看不出是中式还是和式面食。

大正时代初期的咸猪肉汤面

1913年出版的《田中式猪肉料理二百种》中，收录了前一章也提到的田中宏先生的研究成果，其中有两种面食让人很感兴趣。一个是"咸猪肉汤面"，面为素面，配菜是切成薄片的咸猪肉，汤头用酱油、干松鱼、味醂和去盐的猪肉一起熬成。在普通的肉店买不到咸猪肉，但神田桥外的"鹿儿岛屋"和涩谷道玄坂的"萨摩屋"均有销售。另一个是"五目面"，面用的是乌冬面，将配菜的猪里脊、虾、香菇、葱和姜用猪油炒，再加酱油调味。大碗中先倒热汤，再放入煮好的乌冬面，最后码上配菜。

相较于中国的面食，这两种面食反而更接近江户时代之前的荞麦面、乌冬面的做法。例如"荞麦面、乌冬面上码的配菜就像天妇罗和南蛮这类食物一样""切一个鸡蛋，像月亮落在荞麦面上""白面和水，放在木盆中揉，再用擀面杖擀薄"等类似的表述随处可见。与过去一样的、适合日本人口味的面就做出来了。

比起介绍中华风的面食，田中宏的贡献更多地在于他将日本人讨厌的猪肉放入了面中吧。在这个层面上，田中宏可谓进行了划时代的尝试。

1925年出版的《面向家庭的中式饮食》（大阪割烹学校校友会）称南京荞麦面是在乌冬面店中卖的食物，这恐怕说的是日本荞麦面。其做法是将猪肉、葱、香菇、鱼糕切成条后用芝麻油炒，加酱油、味醂调味，炒好后放在汤荞麦面上。那时还没有出现用碱水做的中华面。

从明治时代后期到大正时代初期，日本还没有用碱水做的中华面，日本人也不了解中式高汤的做法，只能将使用猪肉或鸡骨等肉类食材视为中式饮食的做法。那时的面用的是日本的乌冬面或素面，江户时代之前的面食是在黑暗中摸索着前进的。

军队烹饪法

然而，最前沿的信息并不在面向家庭的烹饪书中，而是藏在陆海军的军队烹饪方法中，接下来便就此进行简单介绍。

1918年出版的《海军主计兵调理术教科书》中记载了"五色炒面"和"虾仁面"的做法。面用的是中式乌冬面，所以更接近中式饮食的风格。此外，1937年的《军队调理法》中记录了"煮火腿"的做法，与现在拉面中煮猪肉的做法相近，即水中加入盐和冰醋酸，水沸腾后放入瘦猪肉煮熟。此外，书中还写道："猪肉煮熟后，将其静置以便让酱油入味（夏季需浸泡一天，冬季则最长可浸泡一周）。"为了增强体质，军队积极鼓励食用猪肉。因此在使日本人习惯猪肉味道的过程中，军队可以说起了示范作用。顺带一说，1902年，明治天皇在前往熊本县检阅"陆军大演习"的途中，食用了牛肉罐头。

山田政平登场

山田政平对中式饮食在日本的普及做出了很大贡献。如果看1926年到战后1947年出版的烹饪书，会发现如下几种内容：①中国荞麦面的做法；②碱水的使用；③介绍了各种各样的中国面食；④介绍了战后的中国荞麦面。山田对中式饮食抱有极大的兴趣，在中国的二十年间他一直在研究饮食。回国后，他并没有从事职业厨师的教育工作，而是致力于用人人都能明白的方式介绍中式饮食。自1924年开始，山田在女性杂志上开设连载栏目。1926年，他将这些连载结集成册，出版了《人人都会做的中式料理》（妇人之友社）。此书一跃成为当年的畅销书，至昭和六、七年，共发行了十多版。

日本在明治维新之后，只关注西方，一心想要促进现代化，山田对此肯定感到非常疑惑。他在书的序章中也表达了希望人们可以重新审视身边的中式饮食，并接受它们的愿望。在此引用原文如下，虽然有些长，但从这里可以了解他的心情：

> 原本中式饮食就注重营养，且十分卫生，是非常合适家庭制作的饮食，换句话说，就是很家常的饮食。而近年来，我原本希望国家能认识到中式饮食真正的价值，但到头来却还是不如西式饮食那样普及，我感到非常不可思议，因为从日本与中国的地理位置上看，也是无法解释其原因的。恐怕人们都误以为中式饮食做法复杂才导致它无法普及开来。因此笔者想到，要向国内的家庭推广中式饮食，首先应该从谁都可以做的简单的菜开始，尤其是平时笔者家里会做的菜。其中，在排除了数种例外情况后，在本书中只选择、收录了可以用手边现有食材迅速烹饪的菜。

在大正时代持续萧条的时期，山田提倡的营养优先的思想，正好与在第二次世界大战后的饥馑境况中卷起的爆发式的拉面潮重合在一起。

让我们回到山田那本书的内容上。书中将中国荞麦面作为一种切面，介绍了其做法，开头写道："虽然叫作荞麦面，但实际上是乌冬面，其与日本的乌冬面所不同的，仅在于使用了碱水和做法上的一些差异。"做中国荞麦面所需的食材有小麦粉、盐、碱水、鸡蛋、片栗粉[①]。也就是说，中国荞麦面与日本乌冬面的不同，仅在于其使用了鸡蛋和碱水。书中对如何用擀面杖擀面、制作切面等做了详尽的介绍，即使是外行也非常容易理解。

山田的书中亦对当时普通人几乎难以理解的碱水进行了详细的说明。他写道："碱水可在中国食品店里买到。日语里读作'カンスイ'，汉字则有多种写法。碱水原本是和卤汁一样的东西，也可以看作是老豆腐中用的盐卤。现在中国的'碱'则指天然苏打（这与通常的字义解释不通）。因此在无法获取碱水的地方，将清洗衣物用的苏打煮化后使用，也能达到相同的效果。中国有碱水、碱石等需要的天然的材料。"山田在书中将丰富的信息进行了简洁明快的说明，笔者对他除了佩服别无其他。

此外，书中也讲到了简单易做的中国面食——伊府面、肉丝面、火腿面、紫菜面、鸡蛋面、净面、蟹仁凉面、紫菜凉面等，山田在书中介绍了非常多的面食种类。净面是后面会提到的面，山田在书中这样描述它："仅需将葱花撒在荞麦面上。"

如我们之前已经叙述过的，日本在大正时代迎来了中式饮食潮。或许是受山田政平的影响，同一年，日本开始接连出现介绍

---

① 原本的片栗粉是由日语中名为"片栗"的植物根茎制成的，但现在市场上的片栗粉多以马铃薯为原料，相当于淀粉。——编者注

中国面食的书籍。如小林定美的《中式料理和西洋料理》(三进堂)中介绍了中式面的做法，即使用碱水，如无法获取碱水，则可用洗衣服用的苏打代替，亦能达到同样的效果。在几乎没有食品卫生法规的年代里，和现在一样，在使用须知中会写明"但是其中未含有任何对人体有害的物质"。小林定美在书中明确写道："面条的口感爽滑有弹性，都是因为用了碱水。"此外，小林定美在《珍味中式烹饪法》(大文馆书店)中把制作切面的方法当作中国面的制法，其相同点是都需要用到碱水。书中写到碱水在各种中式面食中均有运用，还提到了馄饨皮的做法。

再回到山田政平，来说说他后来的动向。山田在1929年出版的《四季的中式料理》(味之素本铺)中介绍了切面(中国荞麦面)的制作方法，他在书中多次提道："虽然叫作支那荞麦面，但却完全没有使用荞麦粉。其与日本的乌冬面所不同的，仅在于使用了一种叫作碱水的苏打溶液，因此与其称它为支那荞麦面，倒不如说是支那乌冬面更为合适。"

此外，在1949年出版的《中华料理的一百六十种做法》中，介绍了切面(中华荞麦面)，所用食材有小麦粉、盐、苏打、淀粉。书中还写道："国人都认为这是中华荞麦面，其实是中华乌冬面，其不同在于苏打的使用。加入少量洗衣用的苏打溶液即可。"对中国饮食十分了解的山田政平在这本书中也强调了中华荞麦面的表述方式是错误的，应该是中华乌冬面。

此外，他将中华荞麦面按照制作方法的最后一道工序分为了三类，"汤面"为浮在汤中的面，"凉面"是冷却了的面，"炒面"是在炒熟的面上浇芡汁。现在烹饪书的分类方法基本没有改变。此外顺带一说，烹饪书中对"面"一字进行的标注经历了由"ミエン"（战前）到"ミエヌ"（战后）的变化。

面食有净面（清汤中华荞麦面）、火腿凉面（在冷荞麦面上放火腿）、肉丝炒面（用猪肉丝炒荞麦面），书中写道："以上三种面只要改变一下浇头，就能变成其他的面。可以参考市面上已有的菜谱，但如果能发挥自己的巧思会让面有更加不一样的变化。"战后出版的书纸张质量不好，页数也少，但山田还是在书中说了许多、强调了许多，想必也是有万千的感慨吧。

吉田诚一的活跃

昭和时代，出现了另一位烹饪书界的重要人物，他就是上野"翠松园"的吉田诚一。他在1928年出版的《美味又实惠的中式饮食的做法》（博文馆）中认为日本饮食与中式饮食的关系非常密切，仅东京市内，较短的一段时间内就有两千多家中式餐饮店，但这还不能说中式饮食已经在大众中普及，他希望中式饮食未来能像西式饮食那样每天出现在普通人家庭的餐桌上。

吉田在书中将面的制作方式归纳为两种并进行了介绍。一种为切面，材料有小麦粉、鸡蛋、碱水（可在中式杂货店买到）；另一种为手工拉面（ラーメン）。关于该书中标注的"ラーメン"，

图15　切面、拉面的制作（昭和三年）
资料：《美味又实惠的中式饮食的做法》博文馆

我们已经在前文中进行了叙述。如图15所示，吉田诚一通过示意图介绍了两种制面方式，明了易懂。

吉田在书中介绍了伊府面、肉丝汤面（有肉的面）、鸡丝汤面（有鸡肉的面）等各种各样的中国面食。

夜晚的荞麦面摊

昭和时代初期，"支那荞麦面"开始以面食的名称出现在大众视野，在多本烹饪书中都可以找到。

昭和四年（1929年）出版的《料理对谈》（味之素本铺）中，

"支那荞麦面"首次作为菜名出现。食材有小麦粉、鸡蛋、碱水、味之素①、（作为浮粉使用的）片栗粉。面是细长条的切面，当大量制作时，也可以使用制面机。关于碱水，书中写道："过量使用碱水是有毒的。如果没有碱水，也可以取少量洗衣苏打，将其用水化开后使用，当然，效果比不上碱水。当面团被揉得极软后，就可以用来做日本乌冬面了。"书中那较为科学的表达方式十分引人注目。此外，书中还记载了汤的做法。用猪骨（用鸡骨、鸡肉、牛骨也可以）熬成高汤，加酱油、盐、味之素调味。关于其做法，书中这样写道："所有食材一起倒入锅中煮沸。也可以用干鲣鱼和海带熬成的汤，但还是肉汤的香味更浓。"此外，面的调味食材为葱和胡椒，另加的配料为笋干。

其他的面食有广东荞麦面、五目荞麦面、炒荞麦面、冷荞麦面、伊府面等。书中并没有将这些面食所用的面写作"支那荞麦面"，而是写成了"支那面"，在记述方式上也十分准确。虽然有说法称中华凉面是战后由日本人发明的，但在这本昭和四年的烹饪书中已经有了相关的介绍。恐怕像现在一样完全和风化的浇头是创作于战后的吧。

1930年出版的《西洋料理中式料理》（大日本雄辩会讲谈社）中有名为"面类的料理"的特辑。而且特辑中面食的标题并非使用中文读法，而是优先采用日文名称，例如"焼きそば"（炒麵，

---

① "味之素"是日本一家食品制造商，以发明味精及制造各式增味剂著称。"味之素"也是其出产味精的注册商标。——编者注

ミヤメン）、"シナそば"（光麵，コウメン），其使用的是中国的小麦粉做的面团。此外，书中在介绍中国荞麦面时写道："这是吹着唢呐来贩卖的普通的支那荞麦面。虽然上不了正式台面，但在寒冷的冬夜来一碗，易消化又可以暖身子。"以此来强调食摊上的中国荞麦面不是用来宴客的珍馐，而是平民的食物。

那时大众对中国荞麦面的喜爱程度，与江户时代人们对夜啼荞麦面摊的喜爱程度相当。中国荞麦面的面团可以在中国荞麦面馆买到。在家里做中国荞麦面时，用到的食材有小麦粉、鸡蛋、猪油、碱水（或者苏打水）、片栗粉（作为浮粉使用）。"像做乌冬面一样揉好后，撒上片栗粉，将面团擀薄擀长，尽量切得像素面一样细，最后放入热水中煮熟"。这里也用到了日本的面的知识。另外，在光面中加叉烧肉和葱的话就变成了叉烧面，加猪肉、鸡蛋、木耳、虾和鲍鱼的话就是扬州面（或五色面）。

1933年出版的《简单易做的家庭中式料理三百种》（大日本雄辩会讲谈社）中收录了各种各样中式面食。如仅列举与拉面相关的汤面系面食，就有"シナそば"（支那荞麦面）、"かけそば"（汤荞麦面、净面）、"焼豚そば"（叉烧荞麦面）、"玉子蒸しそば"（蒸鸡蛋荞麦面）、"五色そば"（五色荞麦面、广东面）、"信田そば"（炸豆腐荞麦面）、"鳥そば"（鸡肉荞麦面）、"鯛そば"（鲷鱼荞麦面）、"魚蒸そば"（蒸鱼片荞麦面）、"豚の天ぷらそば"（炸里脊荞麦面）、"スープそば"（凉拌荞麦面）、"蝦そば"（明虾荞麦面）、"海苔そば"（青苔荞麦面）等。但如果只看这些

面食的日文名称，难免让人分不清它们到底是日本的荞麦面还是中国的面食。

关于"支那荞麦面"，书中写道："虽然一般称其为支那荞麦面，但其中却完全没有使用荞麦粉。这是与日本的乌冬面及素面风格截然不同的另一种美味。"此外还有"本社代理部代销碱水"。关于"净面"，书里写道："真正喜欢吃支那荞麦面的人，都认为净面是最好吃的，虽然这是一道无比简单的食物，但却有支那荞麦面特有的味道。"这是只加葱和胡椒就可以吃的汤荞麦面。对于"凉拌汤面"，则是"像日本的笼屉荞麦面一样的食物，要放凉了再吃。从夏天到秋天都可享用。正式的凉拌汤面上装饰有超过六种食材，但精简成两三种也是可以的"。凉拌汤面中使用的中国荞麦面可以用日本的荞麦面或冷荞麦面代替，配菜有火腿、叉烧肉、鸡肉、对虾、香菇和鸡蛋。凉拌汤面与现在的蘸面①在形式上很像，或许是蘸面的原型之一吧。

1934年出版的《在家就能做东京大阪人气料理》（大日本雄辩会讲谈社）中，公开了东京丸之内的"雷正轩"秘传的中国荞麦面制作方法。食材有中国荞麦面团、叉烧肉（可用火腿肉代替）、笋干、葱、紫菜、猪的皮骨、鸡骨、酱油。我对其中叉烧肉替代品的制作方法很感兴趣，书中这样写道："猪腿肉加酱油、黄砂糖炖煮，煮烂后冷却。混合生姜汁和切碎的葱，放入猪肉，并

---

① 蘸面的日文写作つけめん，つけ是指蘸。也有译为"沾面"的。——编者注

不时搅动，浸泡约一个小时。将肉从浸泡的酱汁中取出，用铁扦子串起，放到烧旺的炭火上烤，翻转的过程中时不时用筷子插肉，直到确认每个部分都充分烤好。"书中并没有提到肉的分量，仅叙述了制作流程。若是将这个方法进一步简化，就和现在拉面中煮猪肉的制作方法非常相近了。

通过之前的这些叙述，就能明白在明治时代后期到大正时代，再到昭和时代初期的烹饪书中，中国荞麦面已经成了一个固定项目。但是在实际生活中，中国荞麦面的制作情况又是如何呢？笔者从自家的经验来看，虽有在外面吃中国荞麦面的经历，但在家里一次也没有做过。那时并不像现在有各种各样丰富的便利食品。

"ラーメン" 这一名称的初现

奉行军国主义的日本在"二战"中迎来了意料之中的战败结局。因此，在1948年出版的烹饪书中，"支那荞麦面"也就变成了"中华荞麦面"。但烹饪书中第一次出现"ラーメン"这个名称是在什么时候呢？

1950年出版的《西洋料理和中华料理》（主妇之友社）中，搭配图片详细地介绍了饺子、烧卖、馒头、包子和云吞等食物的制作方法。其中也包含了切面。书中这样写道："这是正宗的中华荞麦面的做法。虽然它叫作荞麦，但其实是面。无论是就着热汤吃的面，还是炒着吃的面，抑或是适合夏天时一口气吃下的爽弹

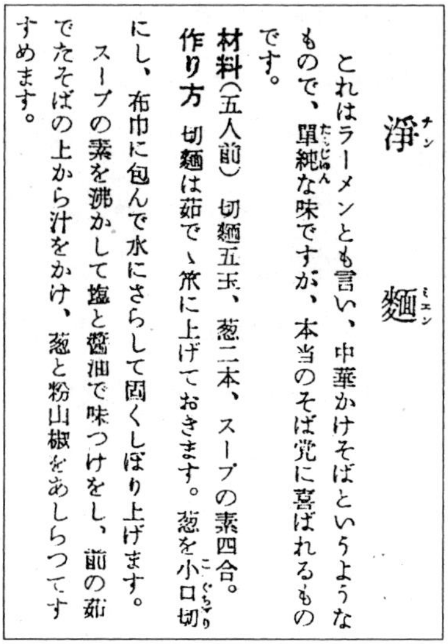

とれはラーメンとも言い、中華かけそばというような
もので、単純な味ですが、本当のそば党に喜ばれるもの
です。

淨麵（ナンミエン）

材料（五人前） 切麺五玉、葱二本、スープの素四合。

作り方 切麺は茹で、笊に上げておきます。葱を小口切
にし、布巾に包んで水にさらして固くしぼり上げます。
スープの素を沸かして塩と醤油で味つけをし、前の茹
でたそばの上から汁をかけ、葱と粉山椒をあしらつてす
すめます。

图16 "ラーメン"的初现
资料：《西洋料理和中华料理》（主妇之友社）昭和二十五年（1950年）

凉面，这本书将介绍面的各种各样的吃法。"此外，书中还介绍了
多样的中国面食，其中就有"净面"。书中对"净面"的介绍如**图
16**所示："这是一种可以称为'ラーメン'，也可以称为'清汤中
华荞麦面'的食物，其味简单纯粹，却受到真正的荞麦面爱好者
的喜爱。"就是在这本烹饪书中，"ラーメン"第一次作为一种食
物名称出现。

书中说到的"ラーメン"的制作方法，食材有切面团、葱、
高汤底料。其中写道："先煮切面，后放在笼屉上。将葱切碎，用
布包着泡在水里再拧干。将高汤底料煮沸后再加盐和酱油调味，浇

在之前煮好的面上，建议最后撒上葱和胡椒粉。"制作方法虽简单，但也有对煮好的中华荞麦面放太久是否会发胀等问题的隐隐担忧。

1952年出版的《中华料理独习书》（主妇之友社）特意将中华荞麦面的做法仔细整理成特辑，进行了详细的介绍。书的作者似内芳重对日本的中式饮食做出了重大的贡献。他在书中涉及面的部分对中华面进行了恰当、合理的说明。在此我引用部分原文：

这种俗称为中华荞麦面的食物，口感筋道，正好适合日本人的口味。日本的荞麦面用荞麦粉和小麦粉混合制成，而中华荞麦面则仅使用小麦粉。即便是仅用小麦粉做出的面也能拥有爽滑的口感，这是因为碱水的收敛性发挥了作用，无论是切细，还是煮熟，都不必担心面线会断成一小块一小块的面疙瘩。但要说到碱水到底是什么东西，那是一种主要产自中国北方的天然苏打水（广东也产出碱水，且质量最为优良）。因为没有明确解释其本质属性，所以大家难免会猜想这到底是一种什么神奇的东西。其实用枯枝或麦秆烧成的灰，加清水过滤后得到的东西，与碱水的成分相同。在长久积累的经验中，人们发现在做面时往小麦粉中加入少量那种无色透明的液体，可以使面团具有较好的黏性和弹性，无论将面条切得多细，煮的时候都不会断开。看来碱水已经成了做面条不可或缺的材料了。日本的荞麦面和乌冬面有着与中华面不同的独特味道，很大的原因就在于碱水。如用化学知识来解释，那么就是碱水中的碳酸钾发挥了很大的作用。因此即使在家里也可用以下方法简单地制作碱水。在药店购买瓶装的粉末状碳酸钾，用倍量的水将其溶化后制成饱和溶液。每次做面，取适量与小麦粉混合。比例大约是每200克小麦粉混合一小勺碱水。需要注意的是，如果使用了过量的碱水，面会变硬。除面食外，在制作烧卖皮和云吞皮时，和做面的时候一样加入少量的碱水，会使制作过程变得非常容易，且做出的味道很好。虽然在制作时并不是必须要使用碱水，但如果使用了会让食物味道更好，因此我在此进行了添加说明。此外，纯碱（洗衣用）和小苏打（碳酸氢钠）虽可以替代碱水使用，但从卫生方面考虑，还是推荐使用碳酸钾。

《中华料理独习书》还提到了中华荞麦面、拉面、叉烧面、炸里脊面、五目荞麦面、天津面等。据说其中的"拉面"被视为"ラーメン"在烹饪书中的首次出现。其食材有中华荞麦面团、煮笋、葱、海苔、老姜、盐、酱油。书中写道："中华荞麦面中最不费功夫的就是拉面了。将颜色鲜亮的笋、海苔、葱花放上作为装饰就完成了，甚至只用葱花也行。"让我稍微有些在意的是，汉字"拉面"表示用手拉的面，在此却将其用作面食的名称。或许这就像我们之前所叙述的，是名称的混用造成的吧。

不可思议的是，在之后的烹饪书中有一段时间内没有出现"ラーメン"这一名称。1959年出版的《国际料理全书》（白桃书

房）中，出现了"リユウミエン"。此外，次年出版的《家庭中国料理独习书》（同志社）中记载了"ラーミエン"。其食材有中华荞麦面、猪五花肉、卷心菜、生姜、鸡蛋、干鲣鱼和海带熬成的汤、酒、芝麻油、猪肉、调味料。在该书最后的表中，可以看到家庭烹饪书中的"ラーメン"的变迁历程。

中式面食的吃法

虽然在第一章已经讲过中国人的吃面方式，但日本人是如何吃中式面食的，日本人的吃法与中国人完全相同吗？

1967年出版的《家庭料理入门》（大和书房）中写道：

最近的年轻人说到"荞麦面"，多是指中华荞麦面，并将和式荞麦面叫作"日本荞麦面"。但中华荞麦面并不像日本荞麦面那样以荞麦粉作为原料，而是用小麦粉和碱水做成的，其更像是日本的乌冬面。中式面食分为汤面（拉面、叉烧面和五目荞麦面）、凉拌面（冷荞麦面）、炒面（软的炒面和硬的炒面）。根据这些可以看出，日本拉面、冷荞麦面和日式炒面完全是和食化的面料理。例如，中国的炒面是"用油炒已经煮好的软荞麦面，再在面中加炒好的肉和蔬菜一起翻炒"，日式炒面是在此基础上使用特别的日式酱汁，具有日式风味。

第五章

探寻拉面的魅力

第二次世界大战之后

故事终于要来到日本拉面登场的时候了，它出现的契机源于一道巨大的历史伤痕。日本发动了"九一八"事变侵华战争，参与了第二次世界大战，在长达十四年的时间里深陷于军国主义的泥淖。1945年，战争结束。经历了如噩梦一般的战争年代后，和平安稳的日子亦不长久，日本全国迅速陷入极度的"粮食难"中。大米日益紧缺，配给经常迟到甚至空缺，饿死的人和营养不良的儿童逐渐增多。人们聚集在黑市，用各种不正常的食物来挨过饥饿。人们甚至将大豆饼、米糠、芋头秆子当作红薯、土豆、南瓜的替代品，用来填饱肚子。遍地都是菜粥馆子，黑市大米交易猖獗。为了度过粮食短缺的困难时期，天皇巡幸全国，以鼓励民众渡过难关。昭和二十年代（1945—1954年），就是那样一个有着严重粮食危机的时代。

其后，在美国提供的粮食援助和国内增产体制的刺激下，日本逐渐迎来了战后复兴。代用酱油、糖精、鱼肉火腿、鱼肉香肠开始在市场上流通，搅拌机、榨汁机、吐司机为厨房增色，生活逐渐恢复到平稳状态。

各地的中华街，随着战后复兴，华侨们也早早地做起了中华荞麦面的生意。小麦粉的管制不像大米的那么严，再用苛性苏打[1]

---

[1] 也叫苛性钠，学名氢氧化钠，化学式NaOH，具有强碱性、强腐蚀性。——编者注

代替碱水，这样做出的面更有光泽，口感爽弹有韧性。令人吃惊的是，这就是美味的中华荞麦面的味道。战后，"支那荞麦面"改称为中华荞麦面。就资金方面来说，经营食摊比开荞麦面馆费用低，因此人们可以轻松开始经营中华荞麦面摊和临时店铺。

此外，陆续从中国撤回的日本人将中国北方的饺子和面食带回了日本，这些食物一时间渗透进了日本各地并普及开来。当时的日本人对便宜美味又营养丰富的食物充满了渴望。据《中华面》（柴田书店）记载："在战后极端粮食难的逼迫下，比日本荞麦面含有更多油脂、更高卡路里的便宜食物吸引了全部的目光。当时以冒着闪闪油光的猪油为卖点的中华荞麦面，其味道随着社会的变迁也一点点发生了变化，但至今仍然存在着。"

中国东北的荞麦面

那时的中国东北，什么样的面食受到了人们喜爱呢？《日本之味探访·食足世平》（讲谈社）的"面类的回忆"中写到，在大连市内，挂着红纸缨子招牌的店多是专门经营切面的馆子，云吞十钱、云吞面十三钱、大碗面五钱。"大碗很大，面有五六种。但遗憾的是我只记得云吞和云吞面两种。因为这两种在日本的街头也能看见。汤尤其好喝，用猪肋骨炒出的猪油加入汤底，这样做出的高汤令人回味无穷，（略）不知什么时候，各处公园里沿着行道树开了许多的食摊。到了1939年和1940年，食摊数量达到顶峰，其中受到欢迎是开头提到的'支那荞麦面'。（略）唢呐声袅袅传来。这种'支那荞麦面'在战后被带到日本，后改名为'拉面'。"据说那时在大连居住了约六万名日本人。

1942年，在当时出版的一本料理书中介绍了面条（乌冬面）、鸡丝面条（加了切成丝的鸡肉的乌冬面）、肉丝炒面（炒荞麦面中加了肉丝）、什锦炒面（五目荞麦面）等各种面食的做法。在介绍切面时，书中写道："虽说是支那荞麦面，但其实是日本的乌冬面，只是做法有些许不同而已。将小麦粉和水按普通比例混合，加入盐、碱水（没有碱水时可使用小苏打）、鸡蛋等，一起混合后揉搓。最后拉抻成直径约0.2厘米的丝状。"直到战争结束，居住在中国北方的日本人还常吃这样的荞麦面。

难以确定的拉面起源

关于中国荞麦面，让我们再稍作观察。中国的面积大约是日本的二十六倍，在中国的不同地域有不同的面食，各自的吃法也完全不同。如在第一章已经叙述过的中国人的吃面方式，中国东北的面是粗面，汤用酱油调味，味道较浓，碗大，面分量足；中国南方的面是细面，以银丝细面为贵，用盐调味，汤头味道清淡，面用小碗盛，分量少。

中国不同地域呈现出的各异的面食特征源于饮食习惯的不同，即北方以面为主食，而南方则将面作为点心。这些特征交融所形成的面食传入日本，形成了各种地方拉面。

《香港的味道——由主题展开，品尝中国料理》（主妇与生活社）中写道："将在日本能吃到的拉面综合起来看，其放料多，分量足，我认为这是吸收了将面作为主食的中国华北地区面食的风格，因此才称为'拉面'。但是，荞麦面上的笋干、叉烧肉或是鸡蛋的味道又像是华中、华南地区吃的'卤味'。因此，广东系的馆子里叫作'卤面'，加上肉切得比较大块，因而在上海系的餐馆中也叫作'大肉面'。所以，现在的'日本的中华荞麦面'，即'拉面'，虽然是各种中国面条的混合体，但却是日本人发挥创造力制作出的食物之一，这个名字将来会反向传到中国并被当作一种中式的日本食物。"正是因为有这些复杂因素交织在一起，日本拉面的起源才难以确定。其中值得注意的是，日本人发挥独创性创造出了速食拉面，并将其反向输入中国，这足见日本人的野心。

将这些信息综合起来看就会发现，第二次世界大战后从中国撤回的日本人将中国北方的面食带回了日本，这些面食的形态融合了中国各地面食的特征，经过日本人不断地改造后，形成了现在日本拉面的祖型。其中，横滨居留地的支那荞麦面、长崎的强棒面和炒乌冬面、东京来来轩的支那荞麦面、札幌竹家食堂的拉面等已经形态完整、自成一派。如此这般创造出的拉面成了具有当地或个人特色的拉面，在各地开花结果，成为百花齐放的国民性食物。图17是昭和三十年（1955年）时横滨的拉面馆。

"ラーメン"的语源说

与日本拉面的起源一样，"拉面"（ラーメン）的语源也没有一个定论。在传入日本的中式面食中，与拉面相近的中文表述和发音随处可见。将这些信息稍作整理，就有如下几个：①明治时代初期，在横滨的居留地发展出的食摊中有用刀切的"柳面"（在粤语里读作"捞面"），长谷川伸将其写作

图17 昭和三十年的横滨拉面馆
资料：《横滨中华物语》

"ラウメン"；②东京浅草的来来轩被称为支那荞麦面的元祖，明治四十三年（1910年）开业伊始，售卖的是如其名字"拉面"一样用手拉的面；③大正九年（1922年），札幌的竹家食堂开业，开始销售手工拉抻的拉面。据说"拉面"对日本人来说容易发音，是由竹家食堂的老板娘命名的；④昭和二十五年（1950年），在针对家庭出版的烹饪书中，首次出现了"ラーメン"这几个字；⑤如之前已经叙述的，中国的面食从各地传入日本，如北方的"拉面"、中部的"大肉面"和南方的"卤面"。

这样一来，与拉面语源说看上去有些关联的词有如下几个：

拉面（中，ramen）、抻面、柳面（广，roumen）、大肉面、卤面（广，rumen）、打面、光面、汤面、捞面（广，raomen）等。

例如，"拉"字有拉抻的意思，是中国的山西和广东具有代表性的做面方式。抻面则是用手抻开的面。柳面是明治时代后期一位姓柳的中国台湾人发明的面食，也有说其名称来自它的面条像柳枝一样细。"卤"是一种浓稠的酱汁，卤面是挂了卤但没有汤汁的面。作家陈舜臣在《美味方丈记》中支持卤面是拉面语源的说法。打面是中国广东的做面方式，将竹竿的一端固定在案板上，人骑坐在竹竿上用脚蹬地弹起，再利用体重碾压面团，如此反复数次，最后用刀切面团，得到的就是切面了。这也是日本佐野拉面的特点。光面在中国的广东和福建尤其受欢迎，是仅用葱花调味，没有任何浇头的汤面。汤面是有很多配菜的汤荞麦面，现在依然是日本人喜欢的面食之一。捞面是各种配菜一起拌着吃、没有汤汁的面，粤语里读作"raomen"。无论哪种面食，在其名称旁标注的日文读音，都与"拉面"的发音相近。

继续使用发酵好的面团的方法就是老面法，中国人在做包子和馒头时会使用老面。"老面"的字面含义是用小麦粉做的老的面团，和面食本身并没有关系。此外，在德国和俄罗斯受欢迎的黑麦面包也是将发酵好的酸性黑麦粉面团用和做老面一样的方式做成的。战后，日本的家庭在制作面包时也使用了老面法。

笔者认为，"拉面"或"柳面"或许是拉面语源说中最有力的两种说法。也就是说，中国制面方式的叫法传到日本后，被误传为面食的名称。这也是为什么拉面在日本不用中文，而用日文"ラーメン"来表示。此外，在webstar辞典中，"ラーメン"一词指的是日本的速食拉面。令人颇感兴趣的是，现在中国各地仍大多是手工拉抻的拉面，但在日本，手工拉面的技术仅止步于手拉素面了。乌冬面和荞麦面都是用手打或机器制作而成的。

日本拉面的特征

日本拉面到底是什么呢？在此，我想介绍的是普普通通的拉面的特点。《中华面》中有"日本人喜欢的清汤，加上爽弹有嚼劲的面，再码上叉烧、笋干和一些绿色蔬菜"。关于中国的面条和日本的拉面之间最本质的区别，书中写道："说到正统的中华面，不消说面本身和汤头就是非常重要的，不同的菜码和浇头与不同的烹调方法都会使面的味道不一样，品尝面码和浇头也是其中的一大要素。与之相对，若用乌冬面进行比较，日本拉面就相当于素乌冬面，人们可以直接感受到面和汤头原本的味道，因此尤其需要注意熬汤的方法、煮面的程度等细节。"

总而言之，如在第一章的"中国人的吃面方式"一节中提到的，中国注重面的烹调方式，而日本则注重面与汤头调和的味道。这与江户时代之前形成的日本面食的吃法有着一脉相承的思想。

再来看看细节方面。就"面"而言，其中凝聚了各种各样的心血和创造。参考《中华面》中对面的记述，可以发现烹饪家们孜孜不倦地埋头于各式各样面的研究中，例如有黏性的面粉的选择、更硬的面、加入碱水的效果、加入鸡蛋的效果、挑战制作卷曲面、创造具有自家特色的面，等等。

就"汤头"的做法来说，汤的原料有猪骨和鸡肉等肉类，也有干鲣鱼、海带和干鲐鱼等和风食材，在汤中加入大蒜、洋葱后小火慢炖。熬汤的时候需要仔细撇去浮沫，同时不把汤搅浑。总而言之，最重要的就是在去除腥臭味的前提下，追求日本人喜欢的醇厚美味。

关于"酱汁"，书中写道："中华面是将汤倒入锅中，加酱油调味，用火煮。相比之下，日本拉面清淡的酱油味道反而是其特色之一。因此，为了能让酱油的味道在面中更好地发挥作用，酱油的选择也就变得非常重要了。"有时，在酱汁中加猪油（或者背脂①）也能激发出新的味道。从这里也能了解到为什么创造出具有个人特色拉面的厨师们如此偏爱猪骨、酱油。

关于"面（拉面）的煮法"，书中这样写道："别把面煮过了也是非常重要的。也就是说，在面将要煮过的瞬间将它们从锅里捞出来，是煮面的一个诀窍。面条煮到什么程度，也受湿度的微妙影响。在高湿度的日本，面条的吸水量较多，不管怎么煮面条很快就会熟，因此需要尽快从汤里把面捞出来。此外，不能一直使用同一锅热水，需要不断换新的水。"中国的煮面方法和日本有

---

① 从猪的背部皮下脂肪炼出的猪油。——编者注

很大不同。日本人在煮面这件事上发挥了其独有的细腻感，充分利用了煮素面、乌冬面、荞麦面时的诀窍和经验。书中还写道："原本中华面普遍比日本拉面更软。这是因为面上放的通常是煮熟变软的面码，为了配合其口感，柔软的面条自然能带来更好的味道。"此外，煮好的面完全涨开后，在汤中像大海的波浪一样起伏排列着。

与之相对，书中对"配料"是这样写的："叉烧、豆芽、菠菜、鱼糕、笋干，此外还有葱。也可以放切成片的煮鸡蛋。无论是什么，只要码在面上就可以了，非常简单。"这也是照搬了日本荞麦面中在面上放菜码的做法。江户时代的"荞麦面通"，喜欢在面上码各种配菜，甚至每天变化菜品，乐此不疲，享受着各种美味。

如此看来，中国的面条和日本的拉面乍一看非常相似，但实际上可以说是相去甚远。即便是普遍的特点和差异，也需要相当的经验和直觉来发现它们。而说到当地的特色拉面和具有个人特色的拉面时，在第七章也会说到，其中交织着非常多的、复杂的重要因素。因此，被日本拉面的深邃魔力所裹挟的厨师们，孜孜不倦地进行着创新和挑战。区区一碗拉面，其中蕴含着厨师们全力拼搏的结晶。而食客们为了一品这碗拉面的魅力，也不惜排起长队。

将话题转变一下，就会得出这样的结论，即一个大碗里装下了套餐中的所有菜品。首先品尝汤的味道，前菜是鱼卷、笋干、海苔，沙拉有菠菜、葱、豆芽，主菜是叉烧，主食是面。在汤、面和配菜三者的组合中，可以品尝到每种食材的味道。接下来就说说在配菜中具有代表性的三品——叉烧、笋干和鸣门卷。

叉烧、笋干、鸣门卷

粤菜中的叉烧指的是提高了肉类保存性的烤猪肉。有这样的传闻，某天有人吃了在火灾中烤熟的一整只猪，因其香气扑鼻且十分美味，由此发明了叉烧肉。

拉面中使用的叉烧、烤猪肉和煮猪肉经常被混为一谈。叉烧是用两根叉子将肉串起来用明火炙烤；烤猪肉是在肉上涂盐和油，整个烧烤；煮猪肉则需要长时间将肉煮熟后，放入酱汁中腌制。可以说，煮猪肉是最能体现日本料理烹饪方法的一道菜了。煮猪肉的汤也可以用在汤中。清淡的拉面和油腻的煮猪肉非常相称。如之前已经述及的，煮猪肉即为昭和十二年（1937年）出版的《军队调理法》中的"煮火腿"。或许就是战后的复员士兵将它们带进了拉面的世界。现在在拉面中多使用煮猪肉，或许是因为其制作简单，容易保证味道的和谐，烹饪方法也是日式的吧。

"メンマ"（面码）在中文里写作"笋干"。"メンマ"的语源说中，有说是将麻竹（まちく）的笋放在面上，所以叫作"面麻"；也有说是在北京，将用来拌面条的各种配菜和调味料叫作"面码儿"，后演化成"メンマ"。

将在中国的福建、广东、台湾地区种植的麻竹切细，蒸熟后用盐腌渍，待乳酸发酵完成后进行干燥处理。食用前，再用温水浸泡使其复原。在台湾地区，麻竹笋是一种储备食材，常和猪肉一起煮着吃，其富含纤维，有预防便秘的功效。

但我不明白的是，为什么会将其用在中国荞麦面中呢？据说明治三十年代（1897—1906年），横滨中华街的中国荞麦面中就已经有麻竹笋了。也许是因为这种中华风的食材没有腥臭味，同时也适合日本人的口味，才被放进了中国荞麦面中吧。据《日本拉面物语》（讲谈社）记载，关于到底从何时开始使用麻竹笋的，有各种说法。有说是1919年，从浅草的来来轩开始的；也有说是1937年，神户的贸易商从中国台湾地区大量进口竹子，之后才普及开来的。

与被广泛接受的笋干不同，很多人认为鸣门卷和拉面并不搭。关于鸣门卷的由来，同样也不甚了解。

有一种说法称，静冈县烧津市的蒲鉾史年表中的"1933年，有了专门生产鸣门卷的从业者"是鸣门卷的源头。即便是现在，日本70%的鸣门卷也是来自烧津市的。据说鸣门卷的原型诞生于江户时代后期，经历明治时代的中期、后期之后形成了现在的样子。

《烹饪用语辞典》（烹饪营养教育公社）中记载："鸣门是鸣门卷的简称，是蒲鉾的一种，将红、白两种颜色的鱼浆做成薄片卷起来再蒸熟。四周切了小口，横截面像旋涡的形状，因此得名鸣门卷。"大概是因为它的形状与鸣门海峡的旋涡相近才会起名为

"鸣门卷"的吧。长崎有一种叫作"窄卷"的用麦秆卷起来的蒲鉾。一般来说，蒲鉾是日本料理中的主要配菜，五目荞麦面中有它，日本拉面中亦用它来增添色彩。接下来，说说装拉面的大碗。

装拉面的大碗

说到大碗，这无疑也是拉面的一大魅力所在。《特别喜欢拉面》（冬树社）中记载，大碗的形状如图18所示，分为牡丹形、扇形、梅形和百合形，每一种都各具特色。牡丹形碗给人分量感，扇形碗比起分量更注重质感，百合形碗更适合享用汤汁，梅形碗则是最适合吃拉面的碗，因为它容易端在手里。吃拉面用的碗，通常是方便用手端着的。因此，碗底座的高度最好是1~2厘米，刚好可以让手指端住，因此以梅形的白瓷碗最佳。

说到大碗上的纹饰，龙纹是中国古代皇帝常用的纹饰，与皇后用的凤凰纹相对应。"囍"由两个"喜"字组成，表达了举办婚礼的新郎和新娘的喜悦，四方的螺旋形八卦纹描绘的是蜘蛛网，有除魔的寓意。再没有像拉面碗上的纹饰一样集华丽和美好寓意于一体的设计了。

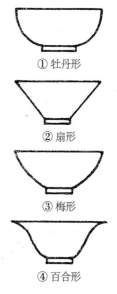

① 牡丹形

② 扇形

③ 梅形

④ 百合形

图18　装拉面的大碗
资料：《特别喜欢拉面》

拉面的吃法

那么，拉面到底应该怎么吃呢?

不过不管怎么说，吃拉面应该也不像茶道的小笠原流那样有着复杂的程序。从各个拉面行家的吃面讲究中能看出些门道。《拉面》（日本拉面研究会）中写了以下几点：①首先仔细观赏做好的面；②撒胡椒；③用筷子在表面轻扫一下；④搅拌面和配菜，夹起适量的面送入口中，吃面的同时也间接地品尝了汤的味道；⑤吃面的间隙，享受配菜的味道，并直接喝汤；⑥面、配菜、汤三者按顺序搭配着吃；⑦一点点吃掉碗底的面，并对鸣门的好坏做出判断。笔者十分想和这样吃面的拉面行家见上一面，但遗憾的是，至今还没有实现。吃面时可不能东张西望地看邻座的人是怎么吃的。大家都按照自己的节奏在吃面。

从日本荞麦面中吸收技术

在此前的篇幅中，我们叙述了拉面魅力中的一部分。但其实直到现在，日本荞麦面、乌冬面与日本拉面，是被当作完全不同的食物来对待的。可如果仔细观察日本荞麦面的烹饪方法，会发现其与日本拉面之间存在着非常紧密的联系：①就面和热汤来说，为了做出独特的美味，其中都凝结了各种努力和巧思；②都需要出汁和酱汁；③在日本拉面中放菠菜、葱等绿色蔬菜是出自日本荞麦面里的创意；④花卷荞麦面中放海苔，五目荞麦面和阿龟荞麦面中加鸣门卷已经成为固定搭配；⑤在日本拉面中放胡椒和江户时代在荞麦面（乌冬面）中放胡椒的作用相近等。接下来我会再稍微深入，具体来讲日本拉面究竟是如何吸收荞麦面的技术的。

首先，日本拉面的名字经历了南京荞麦面→支那荞麦面→中华荞麦面的变迁。为什么在很长一段时间里一直称其为"荞麦面"呢？在江户时代成型的荞麦切，不用说都知道其特点是使用了荞麦粉。更进一步说，在黏性不佳的荞麦粉中混合20%~30%的小麦粉，才有了能够让人们品尝到荞麦面风味的面食。

可拉面中完全没有使用荞麦粉，为什么还要称为"荞麦面"呢？究其原因，大概有以下几点：①拉面面条的粗细程度和荞麦面相近；②由于面粉中加入了鸡蛋和碱水，使拉面有了和乌冬面完全不同的口感，像荞麦面；③到了大正时代，日本的荞麦持续歉收，荞麦面品质变差。为了扭转局面，使用了中国荞麦面，所以称为"荞麦面"。

笔者更倾向于第二种说法。论据来自1930年出版的《日本家庭大百科事项》（富山房）中的记叙："原本，使用小麦粉做的面和乌冬面没有什么差别。但加入了碱水（含有小苏打的天然水，或是淡的苏打溶液）后揉面，就有了较硬的口感，和荞麦面相近，因此才特别叫作支那荞麦面（明治时代叫作南京荞麦面）。"我觉得这个说法特别有说服力。这么说来，在热门店排队的喜欢吃拉面的年轻一代说到"去吃荞麦面吧"时，指的其实是日本拉面；而另一种荞麦面，则以"日本荞麦面"为名，作为区分。

如果就烹饪方法来探究日本拉面和日本荞麦面之间的相似之处，会有惊人的发现。即拉面中汤头和酱汁的做法、调和方法与日本荞麦面中的做法几乎完全一样。这是日本面食独创的方法。据《荞麦面的哲学》（筑摩书房）介绍，日本的荞麦面汤中有"多重和声"，像是一节节走上台阶。书中这样写道："荞麦面汤由两种液体混合而成，分别是酱汁和出汁（日式高汤）。酱汁以酱油为原料，加入味醂和砂糖后用中火熬煮，再静置数日或一周时间。可以说酱汁就是原液。由上述步骤做出的酱汁又叫作'本酱汁'。而将砂糖用水稀释后倒入酱油中，不加热，在稍低于常温的环境中静置数周做成的酱汁叫作'生酱汁'。'出汁'则是在水中加干鲣鱼、干鲭鱼等干制鱼类后煮熟，然后用布过滤出的液体。其主要成分就是干鲣鱼。可以根据个人喜好在里面加入干香菇，或根据地域的不同使用当地捕获的小鱼等。"该书的作者哲学博士石川文康，总结出了以下重要的四点：①酱汁中酱油、味醂和砂糖三者的调和；②在做汤汁时，酱汁和出汁二者味道的和谐；③隔水间接加热，使二者完全融化；④汤汁和日本荞麦面之间的和谐统一。

此外，他还指出了日本荞麦面汤汁的做法中一些令人惊讶的地方，如：①这种汤汁和酱汁的做法，从世界范围来看，也找不出其他类似的例子；②将酱汁和出汁分开制作的想法是非常具有分析性的，是西方理性主义的固有做法，但是在西方汤汁的做法中，各种材料和成分从一开始就被整合在了一起；③荞麦面汤汁在最后的制作阶段才是细致的整合工作；④重新回顾会发现，不论是日本荞麦面的面还是汤，都展现了非常不一样的饮食文化。令人惊讶的是，日本拉面中汤头与酱汁的关系竟与日本荞麦面中的完全相同。总之，日本的饮食文化善于通过重复来体现日本风格。这也是将日本拉面称为中华风的和式面食的原因。

在通过哲学视角看日本荞麦面的《荞麦面的哲学》中，作者认为日本人在拉面的汤头和酱汁上倾注了他们的心血，这种心血在荞麦面汤汁那独特的调和上也得到了体现。书中写道："和谐的境界也完全适用于荞麦面汤汁的调和上。酱汁中用到了酱油、砂糖、味醂，它们形成了一种和谐；出汁中有以干鲣鱼为主的干制鱼类，这又构成了另一种和谐。在这些元素构成的各自和谐的基础上，将其混合制成荞麦面汤汁时，又会组合成新的和谐。"最后，在所有的这些元素之间，实现了多重和谐。

这样做成的日本独特的汤汁，其本身是有可塑性的，即使做得淡一些，也不会失去其美味，这便是它的特点。汤汁浓稠、醇厚，其和谐的口感也更加稳定。这是日本人的喜好中最重要的一点。这一点同样适用于日本拉面的汤头，并且也是其精髓所在。当地特色拉面或个人特色拉面，因追求多变的个性化表现方法，所以有多种多样的出汁和酱汁。它们浓郁、美味又清爽，这些对汤汁的要求乍看十分矛盾，但其最终追求的是整体的稳定和谐。

追求美味拉面的顾客，对面与汤头构筑的和谐满怀期待，甚至可以花费大量时间排队等候。做面的人的心情，原封不动地传递给了吃面的人。仅仅一碗拉面，就能让食客获得巨大的满足感。不仅如此，在日本荞麦面中，汤荞麦里有"清汤"的体系，蘸面里有"盛"①的体系。日本人的感性，也如实地反映在了拉面的吃法中。

拉面之城札幌

要说拉面的魅力，那绝对绕不开拉面之城——札幌。第三章讲述了从大正十一年（1922年）开始，札幌的竹家食堂将"支那荞麦面"叫作"拉面"的故事。接下来我们试着用类似年表的方式来叙述在此之后札幌拉面的发展过程。我决定从战后的札幌开始写起，这里有成为拉面之城的原动力，也有满溢而出的拉面的魅力。

我们先从战后的札幌开始说起。战争结束的次年，即昭和二十一年（1946年），拉面食摊已经抢先出现在札幌。从天津撤回的松田勘七，就是于1946年开设了面摊（之后的龙凤系）。他

---

① 指的是将荞麦面盛放在竹笼上，蘸着酱汁吃。——编者注

用猪骨熬成的乳白色酱油味的高汤，用碱水和手摇式制面机做成的面，为战后的平民百姓带来了活力。这种充满油脂的汤头也成了札幌拉面的原型。1947年，西山仙治的食摊"达摩轩"开张了。后来，专注于做面的西山仙治创立了"西山制面"工厂。

此外，1948年，从中国东北撤回的大宫守人（之后的三平系）在松田勘七的劝说下创立了拉面店"味之三平"。这两个人的相会，成了札幌拉面发展的重要基础。在拉面中加入豆芽，也出自大宫的想法，他不断暗中摸索，找到了用豆芽来代替价格较高的洋葱。

同一年，从中国撤回的日本人纷纷开起了食摊，开始像城镇一样聚集在二丁目大街的两侧。到了1951年，在札幌的南五条西三丁目有了一条东宝公乐拉面名店街，街上的拉面食摊鳞次栉比。在伪满洲国担任外务官员的冈田银八在此开设了"来来轩"，因为生意火爆，于是辞去正职，专门经营起了拉面店。之后，这条街逐渐成了"拉面街"。1953年，对这里的繁荣景象感兴趣的花森安治开始通过杂志向全日本介绍札幌拉面。这应该也是因为他从札幌的拉面中感受到了战后复兴的能量吧。

1954年1月17日号的《周刊朝日》刊载了花森安治写的"札幌——拉面之城"。这是在战争结束后的第九年，描写当时日本各地振兴情景的特辑。花森将战后的札幌喻为东洋的巴黎——一座爽朗且毫不造作的城市，但也有当地煤矿发展停滞，地区发展陷入疲软危机的说法（当时札幌充斥着外来的商品）。同时，他也做出了"札幌的名产是拉面。既不是鲑鱼也不是海带"的结论。让我们暂时顺着花森的记述，来回忆一下当时的札幌吧。

他写道："拉面一下子成了札幌的名产。倒不是因为它好吃，而是胜在数量多。在札幌，不管在哪儿，无论怎么走必定能看到拉面店的招牌。薄野这边已经挤满了拉面店。泡完澡出来吃拉面，电影散场后吃拉面，中午饭吃拉面，情侣约会走累了也吃拉面，请客也吃拉面。即使在百货商店的美食广场，大多数人也都在吃拉面。或许是因为就当时札幌的物价来说，六十日元一碗的拉面更加实惠。也可能是因为身处寒冷地域，所以想要储存更多脂肪的心情在起作用吧。无论如何，看着拉面店门口挂着的灯笼招牌，听着广告塔里'拉面、拉面'的高声呼喊，便会让人有种这就是札幌的感觉。"在结尾处，花森这样写道："札幌，不愧是拉面之城。"对经历了战后严峻的社会环境，体验了复兴时期的人们来说，在怀念这熟悉的过去的同时，也会想到是拉面拯救了日本战后的粮食危机吧。拉面是拯救了战后饥荒的救世主。

1955年出版的《生活手帖》第32号中的"札幌的拉面"中也继续描写了札幌的故事。文中写道："札幌拉面的历史并不长。大约是在战后，撤回到日本的人们为了谋生才开始的，几乎都是食摊。只有那些味道好的食摊存活了下来，之后慢慢变得像正式的门店。这些食摊没有合同年限，也没有什么单传的秘方。如果去那吃拉面的话，会想当然地认为掌刀的都是不靠谱的外行，但只要品尝过就会发现，像这样美味的拉面，别处是没有的。这真是不可思议。"食材有中国的荞麦面团、鲜猪肉、肥肉、洋葱、豆芽、笋干、葱、大蒜；汤的食材有鸡肉、洋葱、萝卜、大蒜。文章中还详细介绍了拉面的做法："请试着做一次吧。到底是什么样的味道，做过之后心里就有数了，说不定也有人会对此沉迷上瘾。"他写的是"味之三平"的店主大宫守人的店。从那时起，札幌拉面开始闻名全国，同时，各地的拉面狂热爱好者也逐渐增多。回头看拉面的魅力，它实惠、简便、美味、营养丰富，同时具有让人想一吃再吃、沉迷上瘾的味道。

关于花森安治的这篇文章，还有后续故事——大场比吕司在1967年写的《拉面之城札幌》，收录于《饮食随笔杰作八十选》（核心编辑部）。文中写道："花森安治来到札幌的时候，很多店都在卖拉面，因此他将拉面与从这种生活方式中感受的东西进行组合，将拉面之城札幌推向了全国。钟楼的声音也是唢呐声。拉面确实融入了日本人的呼吸中。但我想聚焦于此的原因正在于一碗拉面居然没有卖五百日元。只要八十到一百日元就能吃到丰富味道的拉面，给传统的日本荞麦面带来了压力，况且拉面的味道更符合当下人们的口味。不同地域的拉面有不同的味道。在说一个食物是不是当地正宗的之前，最好先看看当地独有的食材。显然，拉面是日本化的中华荞麦面。"文中还详细叙述了拉面在日本各地爆发式地出现并普及开来的所有原因。

原本想在此结束札幌拉面的发展小史，却发现实在难办。勤勤勤恳恳埋头于拉面的厨师不断涌现，更是为拉面的发展过程中增添了光彩。昭和二十八年（1953年），堀川寿一想出了可以自动使面变卷的方法，昭和三十年，开发出了自动将面团截断的机器。图19就是昭和三十年时札幌的拉面馆。

图19　昭和三十年时札幌的拉面馆
资料：《生活手帖》第32号

另外，拉面在战后的吃茶店中逐渐消失了。据《札幌拉面之书》（北海道新闻社）中的记载："在煮出了猪骨骨髓的高汤里，放上用猪油炒的豆芽、洋葱，要是再加上蒜泥，那扑鼻的香味充满了整间咖啡馆，让别的味道根本无缝可入。"这段文字证明，真正魅力四射的拉面终于登场了。让人上瘾的美味拉面开始在日本全国范围内流行。

其中就有这样一个故事。1960年，原本和父亲一同经营鞋店的菅原富雄，不知出于什么原因，改而开了一家名为"富公"的拉面店。一天平均可以卖三百五十碗拉面，最高时能达到六百碗。不过，这绝不是偶然开始的事业。菅原着迷于研究拉面，恨不得一天三餐都吃拉面，与其说他喜欢拉面，倒不如说是得了"拉面中毒症"。

菅原决心要开一家拉面店，在大宫守人的"味之三平"学习了五十天。关于这件事，在《札幌拉面之书》中写道："'我想开一家拉面店，可以教教我吗？'菅原一再恳求大宫。当时，大宫守人说：'你既然已经有店铺的话，就可以经营拉面店了。不过我可不会手把手地教你，你要想学的话，就仔细记住我是怎么做的。'于是菅原如愿进入了'味之三平'，在一个多月的时间内，全心全意地向大宫学习所有的知识。"

类似这样在名店里进行研修的故事多到数也数不清。不过，行家老手的共同点并不是用"不授真传"来拒绝别人，而是以"自己来窃取吧"来刺激、激励学艺者。在这一点上，可以看到同业者们将彼此视为竞争对手的同时也将对方看作是相互扶持的伙伴，能从中感受到拉面从业者们的真情实意。在歌舞伎名演员的艺谈中，也有相同的说法，即"技艺不是教的，是偷来的"。

到了昭和三十年代（1955—1964年），札幌市内已经拥有了两千家拉面店。美国的《读者文摘》是战后深受上班族们喜欢的杂志，汤料生产商"美极"的社长在杂志中指出"日本人已经忘记了味噌的功效"，大宫守人对此有很大触动。当时的札幌，有很多"札独族"，即只身到札幌工作的人，他们忘不了家里味噌汤的味道。某次，大宫试着在味噌煮的猪肉汤中放入了拉面，没想到在"札独族"中广受欢迎。有了自信的大宫将市面上所有叫得上名字的味噌全买了回来，不断地尝试，终于选中了新潟县产的味噌。就这样，"味噌拉面"诞生了。据说连花森安治也对这具有日本特色的味道赞不绝口，并对味噌拉面中肉馅味道之和谐也进行了一番探究。大宫的中学学长兼挚友的大熊胜信开了一家名为"熊"的店，迅速开始销售味噌、酱油和盐拉面，一时间积累了不少人气。

之后，札幌拉面终于迎来了迈向全国的机会。1965年的秋天，东京和大阪的高岛屋内开设了北海道物产店。店内开辟了札幌拉面展示销售区，大熊带着味噌拉面上京，之后全国都知晓了味噌拉面。

1971年，在薄野①的中心地带出现了一条有十六家店铺的拉面小巷，之后在南四条西三丁目又出现了一条新的拉面小巷。这些小巷中的拉面经营者都有非常明显的特征。《这就是札幌拉面》中写道："第一次形成的东宝公乐拉面小巷里的店铺经营者，要么是战后复员回来的，要么是撤回的；第二次形成的拉面小巷里的人，则是1955年之后辞职或是改行的人。战后不久，从中国大陆回国的人运用在当地学到的经验制作拉面，但到了昭和三十年代，不同阶层、职业的人开始被拉面的魅力俘获，纷纷参与到拉面的

_____

① 横滨市的一个地名。——译者注

事业中去。"

被拉面俘获的人们

就这样，札幌拉面成了"起爆剂"，拉面的人气直线攀升。被拉面迷住的人们，也如雨后春笋一般在各地涌现。其中的逸事不胜枚举，无法一一记录，只好选两个故事来说一说。

作家小岛政二郎，同样以美食家的身份而为人所知。在1978年出版的《天下一品：美食家的记录》（光文社）中写道："我的朋友里有一位拉面狂人。他仅在东京就吃遍了三百家店。即使这样他还不满足，现在只要听到有美味的拉面店，不管在哪儿，无论如何也要去吃一吃。最近听说他好像专门飞去岐阜吃拉面了。真是疯狂啊。我从他那儿知道的拉面店虽然只有四五家，可直到现在，那几家店都比我自己找的拉面店要好吃。比如，京桥①普利司通公司的后面有一家名叫'太鼓番'的店，我从没吃过那么好吃的拉面。面条美味、汤头醇厚，和谐的味道、有嚼头的口感、浓厚的味道完全融为一体，十分完美。"

但是，这种程度的拉面通，在如今看来也不足为奇吧。接下来还有更厉害的故事。有这样一位男士，"三天没吃拉面就会想得不行"，他不顾妻子的反对，在店的一隅开了一家洋风拉面店。此

① 东京都中央区的一个地名。——译者注

人就是在东京日本桥经营洋食店"泰明轩"的茂出木心护。

茂出木在1973年出版的《洋食屋》(中央公论社)中写道："终于改造了厨房的一部分,搭建了从多年前就想开的拉面吧台。妻子很反对,说在洋食店卖什么'荞麦面',不像话。我和妻子争执,说'饮食店就是卖什么都可以的。只要它好吃、实惠'。如果说真心话,我喜欢吃拉面到了三天不吃就无法忍受的变态地步。于是,我想着与其找一个好吃的地方,不如自己来做。"因为这里之前是洋食店,因此汤的制作方法也是洋风,用猪骨和鸡肉熬汤,再放入土豆。

《洋食屋》中生动有趣地描写了茂出木与前来吃拉面的食客之间的互动。在此稍作列举,有人说"今天我也是第一个来的吧。到了这个时间点,脚自动就走来了""我住得很远,掐着时间来的,多谢了",有"哀号着说平常时间不够,没法吃大碗的面,最后把汤喝得一滴不剩,再淡定地说'嗯——'的人",有"把炸虾放在荞麦面上假装这是天妇罗的人",还有人说"在荞麦面里加点醋会更好吃",也有"吃得少,想把面量减半的人""希望吃很多葱的人""希望酱油比定量多一些的人""喜欢吃软一些的面的人",还有"不待在空调房里,而是满头大汗地说着'荞麦面只有在这里吃'的人",等等。这么说来,在热门店中也有不少店铺是根据每一位食客的喜好来调整食物做法的。他们真心地对待每一位喜欢拉面的客人。

让我们继续茂出木与拉面的故事。1977年出版的《洋食屋 泰

明轩 东拉西扯的故事》（文化出版局）中写到茂出木去国外旅行，好不容易找到了拉面，却大失所望。这故事发生在巴黎的某条街上，书中写道："这里有一家专门卖拉面的店。我心里馋得不行，进店后发现做拉面的是我讨厌的长头发的日本老哥。即便如此，我还是点了一碗酱油拉面。碗里有笋干和叉烧肉，看起来像是一碗正儿八经的拉面，但荞麦面条太粗，一夹就断，怎么也算不上是好吃。（中略）之后，每次去中华料理店吃饭我也会特别关注拉面。某家店的菜单里，在汤这一栏中写着中国面条，括号里写着拉面，我太激动了，赶忙点单。在鸡肉、香菇、葱和用盐调味的汤中，放的是煮开了的干日本荞麦面。我一看就觉得失落，为什么用的是这样的面呢，真是不甘心啊。（中略）去巴黎歌剧院的中餐馆，翻开菜单，看见'柳面'的下方用括号写着'シーメン'。因过去会把'柳面'读成拉面，所以我想这里的读法或许是标错了。后来面端上来了，是炒得软软的炒乌冬面。我想这是不是和别人点的菜弄错了，于是叫来了服务员，指着菜的号码和名称问他，得到了菜没上错的回答。"想必每个人在海外都经历过这样的失落吧。

既然茂出木在泰明轩研习厨艺，那就应该不会完全接触不到中华饮食。关于那个时候的事情，书中写道："昭和三年，在泰明轩总店开始在店里制作中华面。但当时的碱水价格高昂，只好买来便宜的，只要十钱的洗衣用苏打，溶在1升装的瓶子中使用。师父交代我说，'你去买洗衣苏打来'。因此我常常跑腿去买。所以我在很长时间里都以为中国荞麦面中要用洗衣苏打。直到战争结束前，我们店里也还在用洗衣苏打做面。现在想来觉得胆战心惊，但那时也没有发生什么问题，可见过去的人身心是多强大啊。"战后使用的苛性苏打也是类似的情况。

此外，茂出木在制作美味拉面的过程中，尤其强调面和汤的重要性，并详细介绍了汤的制作方法。他在书中写道："将猪腿肉切成直径约5厘米、长约15厘米的棒状，用绳子捆住，放入水中用大火烧，烧开后转小火慢炖。将煮好的猪肉浸入酱油中，煮肉的汤汁用于熬汤头。此外，也可以像过去一样，用水和酱油煮猪肉，用鸡骨熬高汤，猪肉的汤汁代替酱油来给汤头调味。还有一种方法是将鸡骨过沸水，用清水洗净后熬汤，但我不太推崇这种做法。我们店的做法是将猪骨焯水，用清水洗净，和鸡骨一起用大火煮熟后转小火，放入随意切好的洋葱、胡萝卜，咕嘟咕嘟地煮大约五个小时。汤好不好喝，取决于猪骨和鸡骨的量是否足够，没有什么其他难以掌握的诀窍。"令人想按照这个菜谱尝试一下。

那么，让我们再一次转变话题。1958年，速食拉面横空出世，安藤百福一跃登上世界最负盛名的舞台。他将日本的拉面变成了世界的拉面，是一位百年一遇的抱有强大信念的先驱者。

第六章

属于世界的日本拉面

速食食品时代的到来

现在，让我们来看看在战后复兴时期出现的新食物的流行景象。这种新食物就是简单方便的速食食品（即食食品）。说起来，其实速食食品在战后早已出现，那便是粉末果汁。这是贫穷年代里的安慰剂，是人们急中生智下发明的简便饮料。在粉末状葡萄糖中加入有水果颜色、香味和酸味的调味汁，然后只要加水就可以做出一杯像橙子汁的饮料。这样的饮料，笔者也喝过不少。小孩子们尤其对喝完后产生的强烈酸味印象深刻。

其实像这样的速食食品在战前也有。例如只要加热水就可以做好的速食年糕小豆汤（怀中汁粉）之类的。告别了战后的混乱状态，世态逐渐平稳之后，丰富多彩的速食食品时代到来了。1927年左右，日本出现了速食汤、速食牛奶、速食咖喱，甚至有现在日常生活必备的速溶咖啡等。那时，电饭锅、电冰箱刚刚开始普及。1961年，农林省的粮食研究所创立了速食食品研究会。实际上，在拉开速食食品时代序幕的过程中发挥领头羊作用的，正是之后风靡食品业界的"速食拉面"。

向全新的面食文化发起挑战

现在，发明速食拉面、创立日清食品的安藤百福登场了。安藤在与《面谈食物志》的作者石毛直道的对谈中，谈到了自己在创造速食拉面时经历的艰辛。他这样说道：

"战后粮食短缺，经历过战火的城市已成了废墟和荒野，到处是饥饿的人，看见这样的景象，我深切地认识到食物是多么重要。如果没有食物，人的精力、体力和智力都会下降。正好，从中国回来的人开始在大阪的梅田附近经营拉面食摊，面摊前经常排起很长的队列。这不仅是因为人们饥饿难耐，也是因为日本人本就爱好面食。我思考着能不能做出更简单方便的拉面呢？在当时那个年代，要获得小麦粉这种做面原料，比获得大米更容易。我下定决心要研究出大家都喜欢吃的拉面。那大概是昭和二十二年（1947年）的事了，从那时起我花费了十年。

"在速食拉面的开发中，最难的是干燥和调味技术。干燥后变得又硬又脆的面无法快速恢复原本的状态，我反复研究，却一直进展不顺。后来的某一天，我在天妇罗店看见了炸天妇罗的过程。天妇罗在油炸的过程中会失去水分浮上油面。我想也许可以用这个方法来干燥面条。这个方法同时还具有杀菌效果。炸出来的天妇罗产生了很多细孔，容易吸收水分。这给了我很大启发。

"但接下来，难题不断出现。在面条中加入鸡蛋的话，味道变好了，但面成了一坨一坨的。加盐的话，面条倒是变得干爽，但黏性变差了。水放多了，面变得黏黏糊糊的；水放少了，面就变得硬邦邦的。

"在解决这些难题的过程中，我们也逐渐走上了企业化的道路。起初，我们想到要给面条调味，这样可以更快地吃上面，此外，还有包装的卫生问题。

"昭和二十三年，我们在大阪的十三①开了一家有六条生产线的小工厂（SUNSEA殖产公司）。当时有二十名员工，全部采用手工作业，一天可以生产三百份拉面。刚开始的时候，批发商嘲笑说'这麻烦事我可不想碰'。然而，东西放在店里却越卖越好。现在到了他们拿着订金来找我们的地步。"

从安藤的这番话中，我们得以窥见他的巨大决心，他在十年间全心全意持续奋斗，将不可能变成可能，并创造出全新的事物。之后，安藤发明出了"鸡汤拉面"。SUNSEA殖产公司的占地面积不到100平方米，是改造旧仓库后建起来的两层小楼，样子寒酸。就在推出"鸡汤拉面"的这一年，SUNSEA殖产公司将商号改为"日清食品公司"，再次踏上新的征程。

昭和三十三年（1958年），那时一个乌冬面团卖六日元，白面包一斤三十日元，牛奶一瓶十三日元，一袋鸡汤拉面（袋装）在最开始就售价三十五日元。然而到了第二年，鸡汤拉面的全年消费量就达到七千万份这一惊人的数字。日本速食食品工业协会的数据库显示，袋装拉面在昭和三十七年的消费量达到了十亿份，昭和三十八年为二十亿份，昭和四十年为二十五亿份，昭和四十三年则为三十三亿份。

这本书写到这里的时候，我去了日清食品东京本部的食品图书馆，在那里看到了《摆脱苦境，活于激变的时代中》（饮食文化

---

① 日本大阪市淀川区的一个地名。——译者注

对话）这本书。对生活在如今这样一个低速增长社会中的我们来说，这本书不仅是企业管理的圣经，其中也满载了安藤百福做人做事的方法和经验。我从其中摘取了与速食拉面相关的部分，因为省略了上下文，如果因此造成了误解和困惑，责任全在于笔者。希望大家见谅（下面引用文字所处的时代背景为昭和三十年代）。

安藤将面类作为开发目标，他问自己："粉食是否可以等同于面包呢？将面包作为主食的情况下，如果不多吃副食品，很容易造成营养失衡。在日本，面包只需要就着茶一起吃就行。为什么在粉食中东洋传统面类食物不被推荐呢？"当时的社会认为拉面这不过是从战后的食摊兴起的、在全国受到欢迎的食物而已。有很多人反对将拉面事业做成企业并进行量产，赞成的恐怕没有一个人。

但安藤却表现出了强烈的决心："一起来做拉面吧，我并不是要推着车子去卖面，这可是工厂生产的哟。以后是可以在家里吃的拉面。"即便如此，当时也有反对的声音认为拉面不过是拉面而已。安藤并没有被铺天盖地的反对绊倒，为了能在工厂中生产拉面，他设定了拉面开发的五个目标。他再次表明了决心，认为"第一点是好吃。不仅要追求食物本来的风味，如果要让人有购买欲，则需要与众不同的味道。要让人在吃不厌的同时也忘不了，每天都吃，甚至第二天还想吃。让人发出'真好吃啊！'的感叹非常重要"。然后，第二点是具备可保存性，第三点是便利性，第四点是经济性，第五点是安全性。如今我们的生活常备食品所需的所有条件，都涵盖在这五个目标当中了。

鸡汤拉面的诞生

安藤在位于池田的自家后院里，建造了如图20所示的小仓库，开始在那里进行研究。他的目标是开发出能随时随地方便食用，而且可在家中常备的拉面。安藤决定每天只睡四个小时，一天都不休息。他每天要处理相当于一个月的工作量，据说这样高强度、不眠不休艰苦奋斗的日子持续了十年。终于，他在1958年做成了鸡汤拉面，其做法为"在小麦粉中加入碱水、调味料和水

图20 鸡汤拉面诞生的研究小屋（复原）

资料：《速食拉面发明物语》

一并揉成面团，用制面机器将面团做成面条，再将面条在短时间内用高温蒸熟。要做鸡汤拉面的话，可以选择将面泡在汤头中或是用将汤汁喷洒到面上的方式调味，然后再将面条放入模具中定形、油炸就可以了"，安藤采用的是瞬间油热干燥法，这是一种革命性的食品干燥方式。有说法称这种速食面的制作方式和中国广东有名的伊府面、鸡丝面相近。但预先调味这一点是不同的。

现在的速食面食有中华面、和风面、欧风面、快餐面（杯面）等超过五十种。此外，虽然有油炸面和非油炸面之分，但其基本延续了1958年诞生的鸡汤拉面的做法。

有这样一个小插曲，1958年，在东京阪急有乐町店举行的试吃会上，安藤以"加热水后两分钟就能做好的魔法拉面"对产品进行宣传，吓坏了不少客人。两到三分钟，似乎是肚子饿的人能等待的最长时间。速食拉面的出现，进一步提高了拉面在全日本的知名度。安藤终于在四十八岁的时候，做出了他坚信的"美味就是美味"的梦想中的食物。《速食拉面发明物语》（速食拉面发明纪念馆）一书中，生动描写了速食拉面诞生的瞬间。书中这样写道："倒入热水后，等两到三分钟的话，就能做出非常美味的拉面，这已经让人非常感动了。用筷子一夹，这已经是不折不扣的面条了，再一尝，真好吃啊！真是激动啊。"明治时代初期，木村安兵卫父子用六年时间创造出了红豆面包，而安藤埋首于鸡汤拉面，花费了十年才最终将其创造出来。1958年8月25日，鸡汤拉面首次进入大阪市中央批发市场，为了表示纪念，8月25日被设定为"拉面纪念日"。

速食拉面后来成了考生的夜宵、单身赴任者的膳食、孩子的点心、饿肚子时的零食等，其爱好者不断增加，这也使得日本各地的拉面党更加团结。此外，"拉面"这一名称渗透全国并被固定了下来。速食拉面的急速普及，不可避免地激化了拉面生产者之间的竞争，且一发不可收拾。因此，1964年成立了"日本拉面工业协会"（后为日本速食食品工业协会），有七十一家公司加入协会，安藤百福出任首任理事长。

可是，速食拉面的劣质品开始在市面上流通后，不断出现不好吃、不健康的批评声音。各家公司为确保市场占有率开展竞争，在另加汤底、高级化、口味多样化、非油炸面、特色口味等方面倾注力量，做出改变。安藤后续研发出的"チャルメラ""札幌一番""出前一丁""中华三昧"等拉面商品，至今仍在销售。

"食足世平"是安藤非常喜欢的一个词，意思是食物丰足则天下太平。食物才是人活在世上最重要的东西。这和第一章讲到的"中国人对面食的执念"中所述及的一样，完全是传统东方式的思想。令人觉得不可思议的是，现在的拉面热门店的老板，也拥有着同样的想法和气魄。

划时代的杯面

到了昭和四十年代（1965—1974年），持续高速增长的速食拉面（袋装）进入市场低迷期，增速放缓，昭和四十三年销售三十三亿袋、昭和四十四年销售三十五亿袋、昭和四十五年销售三十六亿袋。杯面就是在这样的背景下登场的新产品。

安藤对"食足世平"的执念，继鸡汤拉面之后再次被引燃。这一次，他要摸索出将拉面推向海外的方法。1966年，为了判断拉面进军海外的可能性，安藤去美国进行了市场调查。在那里，他看到美国消费者把鸡汤拉面块掰开放进杯子里，注入热水后用叉子吃的情景，为此他大为震惊。原来将面放进杯子里，杯子就成了包装的容器，也成了烹饪器具（锅），还可以作为食器使用。有句话叫一石二鸟，而日清杯面的这种设计岂不是一石三鸟。在回国的飞机上提供的小零食是夏威夷果，其容器的盖子使用了密封性良好的铝箔。安藤认为这个方法值得借鉴。

但是，在研发的过程中，还有许许多多的问题。保温性非常重要，能否获得具有隔热效果的材料呢？它可以轻松拿在手里吗？价格如何呢？能确保食品的安全性吗？就算这些问题都解决了，要把所有食材都装进开口并不大的杯状容器里，可以实现这样的量产方式吗？这些问题在安藤的脑海中不断盘桓。后来，安藤收集了超过六十种包装材料，从中注意到了一种叫作发泡聚苯乙烯的新材料。

发泡聚苯乙烯具有很强的隔热性，使得热汤不易变凉，拿着也不会烫手。另外，这种材料质量很轻却有一定厚度。但是，那时正是发泡聚苯乙烯开始国产化的初期，仍处于在装鱼的鱼箱、青森县的苹果箱上进行试用的阶段。安藤为了导入这种新容器，成立了项目小组，埋头研究。

不过，在实际的实验中遇到了很多的问题，进展不顺。首先是容器无法一体成形，其次是鸡汤拉面面块的形状难以放进圆筒状的杯子里。在窄杯中注入热水，两至三分钟后面并不能全部复原。

安藤在这个过程中也进行了很多尝试。他们得到的结论是，将面块放入杯状的模具中油炸，就能做出上方密、下方疏的疏密有致的面块。这和炸天妇罗的想法相同。此外，在包装工序上，他们提出了将把面块放进杯子里改成将杯子倒扣在面块上的想法。如图21所示，杯子底部留出一定空间，面块在杯子中成悬空状

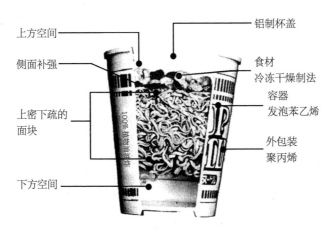

图21　杯面保持内部稳定的构造
资料:《食足世平》

态。注入热水后，水会积在下方，从杯底像蒸东西一样加热面块，使杯子整体形成统一的温度，面也能很好地复原。像这样，杯面的构思不断展开着。

除此之外，他们采用冷冻干燥制法，将在当时较为奢侈的猪肉、虾、鸡蛋、蔬菜等放进杯面中，这样不仅能保持食物的良好鲜度和品质，这些食材在热水中也能很快恢复原状。顺带说一句，迄今为止的配菜采用的是热风干燥法制作的，不能说一定是高品质的。此外，将汤做成粉末状，也会更易溶解。这些在现在看来稀松平常的食品制造技术，在当时完全是一连串奇异、超乎常规的想法。当然，风险也很大。

就这样，1971年，继鸡汤拉面之后又一个划时代的新产品——"杯面"上市了。那时是大阪世博会召开的第二年。只要有热水，在哪里都可以轻松吃上拉面。相较于一袋三十五日元的速食拉面，一碗杯面的售价高达一百日元，有客人对此表示震惊。但杯面也延续了安藤"美味就是美味"的梦想。

但是，据说在经团联会馆举行的发布会上，杯面遭遇了"价格过高""面能用叉子吃吗""味道不像拉面"等一系列的质疑。安藤的执念并未因此受挫。既然现有的食品批发路子行不通，他们就着手开创新的营销方式，并因此慢慢看见了曙光。比如，在前一年开放的东京银座的步行者天国，一小时能卖出两千八百份，一天内两万份杯面全部售罄。杯面在生活方式美国化的年轻一代中亦具有人气。时代在变化，年轻一代正在引领一场时尚革命。

表2 速食面类的分类

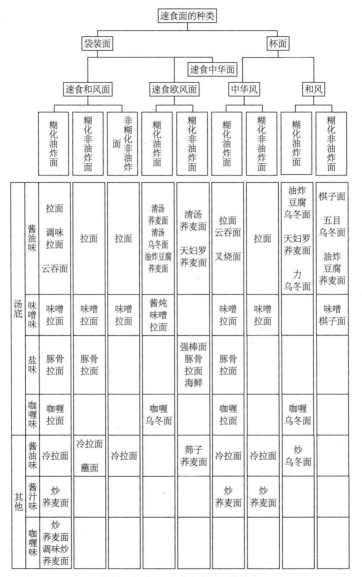

速食面的种类
- 袋装面
  - 速食和风面
  - 速食中华面 → 速食欧风面
- 杯面
  - 中华风
  - 和风

		速食和风面			速食欧风面		中华风		和风	
		糊化油炸面	糊化非油炸面	非糊化非油炸面	糊化油炸面	糊化非油炸面	糊化油炸面	糊化非油炸面	糊化油炸面	糊化非油炸面
汤底	酱油味	拉面 调味拉面 云吞面	拉面	拉面	清汤荞麦面 清汤乌冬面 油炸豆腐荞麦面	清汤荞麦面 天妇罗荞麦面	拉面 云吞面 叉烧面	拉面	油炸豆腐乌冬面 天妇罗荞麦面 力乌冬面	棋子面 五目乌冬面 油炸豆腐荞麦面
	味噌味	味噌拉面	味噌拉面	味噌拉面	酱炖味噌拉面		味噌拉面	味噌拉面		味噌棋子面
	盐味	豚骨拉面	豚骨拉面			强棒面 豚骨拉面 海鲜	豚骨拉面			
	咖喱味	咖喱拉面			咖喱乌冬面		咖喱拉面		咖喱乌冬面	
其他	酱油味	冷拉面	冷拉面 蘸面	冷拉面		筛子荞麦面	冷拉面	冷拉面	炒乌冬面	
	酱汁味	炒荞麦面					炒荞麦面	炒荞麦面		
	咖喱味	炒荞麦面 调味炒荞麦面								

资料:《面》日本速食食品工业协会

表3　新鲜型速食面的分类表

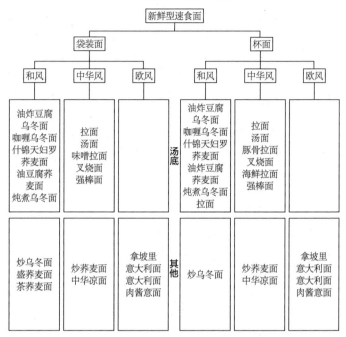

资料:《面》日本速食食品工业协会

此外，在杯面上市的第二年里发生的"浅间山庄事件"中，包括警察和记者在内的约三千人都是用杯面果腹的。在"东大纷争"中也活跃着鸡汤拉面的身影。

如此一来，不同年龄段的人都开始自然地接受杯面。同年刊行的《食品工业》（1947年12月20日号）中，盛赞杯面为"将不可能变为可能的拿破仑式发明"。但是，之后的市场竞争愈演愈烈。生产者不断在面、汤头、配菜的多样化、差异化、高级化、个性化等方面进行创造和钻研，以满足消费者需求。

速食拉面后来的发展过程并非一帆风顺。到了昭和五十年代（1975—1984年）中期，所有的招数都已用尽，速食拉面业界再次陷入停滞状态。而"新鲜型速食面"的出现，再次激发了市场活力。为了提高拉面的可保存性，安藤百福引进了有机酸处理技术，在进一步研究食物味道的基础上，于1992年创造出了"日清拉王"。《新速食面入门》（日本粮食新闻社）中写道："面条由三层构成，内外层的面质不同，这不仅提高了面的韧性，也增加了面的顺滑感和黏性，面条可以长久维持刚煮好时的口感。这项技术亦应用于乌冬面、荞麦面和意大利面中，新鲜型速食面要发展成一大种类了。"速食拉面像是要登上台阶一样，突破了一个又一个技术壁垒。我想是发明造就了速食拉面吧。

速食拉面的发展也推动了各地拉面潮的兴起，当地拉面和私房拉面开始呈现出一派欣欣向荣的景象。安藤的信念在于拉面，但又不止于拉面，速食拉面的出现使日本拉面从和食化的国民食物一跃成为国际性食物，即世界的拉面。

在"筷子文化圈"发展起来的面食

日本拉面是如何被全世界接受并普及开来的呢？地球上有许多种民族食物，通常而言，这些民族饮食会对异国食物表现出强烈的抵抗。尤其是，面食是筷子文化圈中培育出的食物，欧美人会乐意用筷子吃装在大碗里的拉面吗？疑惑一个接一个不停地涌了出来。话题可能会拉得远些，但我想一边展望全球的面食文化，一边进行一些思考和探究。

首先是人们的进食方式。将全球人口按六十亿计算的话，根据所使用的餐具，可以将地球上的民族划分为三个文化圈，分别是以东南亚、大洋洲、西亚、印度、非洲、中南美为主的手食文化圈；中国、朝鲜半岛、日本、越南的筷子文化圈；欧洲、北美、南美、俄罗斯等的刀叉文化圈。徒手进食的有二十四亿人（占比40%），使用筷子的有十八亿人（占比30%），使用刀叉的有十八亿人（占比30%）。即便在今天，徒手进食的民族依然是占全球比例最多的。其中，筷子是中国文明中从火食（做熟后无法用手拿的食物）发展出的东西。中国和朝鲜半岛的国家通常将筷子和勺配套使用，日本只使用筷子。筷子是便于搅拌、刺插、运送食物的餐具。因此在吃细长条的面食时，徒手或用刀叉都不方便，用筷子是最合适的。

原本，诞生于中国的面食就主要是用筷子吃的，经过多年的积累，发展成熟后传入了日本。第一章和第二章分别叙述了中国的面食和日本独特的、和食化的面食文化。但在其他国家又形成了什么样的面食文化呢？

要说结论的话，那就是直到大约二百年前，地球上的面食区域都是十分有限的。据《饮食的文化地理：舌尖上的田野调查》（朝日新闻社）介绍："传统的吃面食的地区，仅限于以中国为中心的东亚、意大利，然后是从中东到北非的伊斯兰教圈。做面的方法到底是由这三个区域各自独立发明的，还是从某个发源地传入的，现在也没有足够的证据可以论证这一问题。"接下来，我将简单讲述朝鲜半岛、东南亚、中亚的面食。

朝鲜半岛的面食文化

在朝鲜半岛，形成了与中国、日本不同的面食文化。遵循地产地销的原则，用当地食材做出的面食在当地得到了发展。越往北走，小麦的种植面积越小，因此在很长一段时间内，小麦都被当作珍贵的食材。到了18世纪，朝鲜半岛的小麦种植技术得到提高。20世纪后半叶，小麦的进口量也增加了。

受原料供给的影响，起初面的主要原料是荞麦粉。之后，为了使面更具延展性，人们将绿豆淀粉等和小麦粉混合使用。大约从18世纪开始，土豆淀粉被用于做面。据《朝鲜料理全集 饭与面类》（柴田书店）记载，比起种植稻米，朝鲜半岛的气候风土更适合栽培杂粮，而且用杂粮粉做成的面食也更容易入口。佛教寺院在制面业的发展中也发挥了重要的作用。从10世纪的高丽王朝开始，朝鲜半岛进入了佛教全盛时期，为了满足大量聚集民众对食物的需求，人们想出了能够实现量产的制面机。

虽说"吃面的胃是另一个胃"，但朝鲜半岛的人们确实常常吃面食。即使在饱餐一顿之后，也要吃面。当人们问"什么时候能让我吃面"，也有问"什么时候结婚"的意味，这也是催促不婚的人早点结婚的一种说辞。面条细长的形状也是长寿的象征，朝鲜半岛的面食种类繁多，在生日宴、婚礼、宴客、庆祝花甲等场合中，面条都是不可缺少的食物。人们都非常期待在婚礼上吃的面条。

但在朝鲜半岛，有两个词语都可以表示面条，汉字分别写作"面"（mion）和"掬水"（kusu）。《面条文化的起源》（饮食文化交流）中写道："mion来源于中文的'面'；kusu则是朝鲜语中的固有词汇，在将其与汉字进行对应的时候，多写作'掬水'。将煮好的面条过水，再从水中捞起，这个操作和'掬水'一词本身的含义相通，或许这就是面条叫作'掬水'的原因。虽然根据面食种类不同有相对应的不同说法，但面和掬水可以看作是同义语，都指面条。"有说法称，"掬水"一词最早于19世纪末期开始使用，但在李氏朝鲜时代的文献中几乎看不到"掬水"的身影。原因或许是它淹没了从中式的刀切面到朝鲜半岛的挤压面的演变中了吧。

朝鲜半岛的做面方式也很独特，分别是挤压面和手打面。据称《齐民要术》中提到的粉饼是挤压面中冷面的祖型。用绿豆粉混合肉汤揉成面团，将牛角加工成汤匙大小的圆片状，上面开五六个小孔，将从小孔中挤压出的面条入锅中煮，就做成了挤压面。直到现在，也有如图22那样将压面器置于大锅上，一边压出面条一边煮的方法。

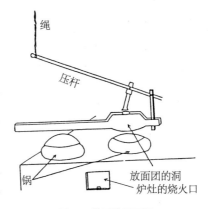

冷面制作的一大特点就是面煮好后用冷水充分洗净。这样不但可以洗掉面条表面的淀粉，还可以使面条迅速降温，防止其糊化，做出口感筋道的面条。如果面煮好后就那样放着的话，余温会使面条

图22　做面的压面器
资料：《朝鲜料理全集 饭与面类》

进一步糊化，失去筋道的口感并发胀。冷面大概是李氏朝鲜时代遗留下来的智慧吧。在众多冷面中，以荞麦粉为原料的、面条为黑色的平壤冷面较为知名。

虽然可能是题外话，但日本的盛冈市也有冷面。盛冈的冷面出自生于平壤的日本人之手，到昭和四十年代，因广受欢迎才保留了下来。冷面的汤以牛肉为基底熬成，没有杂质，在汤里放入筋道爽口的面条，再码上煮鸡蛋和泡菜，一碗冷面就做好了。中国台湾地区以米为原料做成的米粉和意大利的多种意面，这些食物的制作方式都是挤压式的。

将朝鲜半岛的制面技术特点进行概括，会发现因小麦粉是珍贵的食材，所以面的原料发展出了荞麦粉、玉米粉、生大豆粉、土豆粉、绿豆淀粉等杂粮粉，而以这些原料做出的面很难形

成面筋，无法用手拉抻面团，由此，容易将面团挤压成面条的压面器才得到了发展。然后，人们不断钻研，使杂粮粉中的一部分粉发生糊化，让面团更具黏性，并创造了许多有着独特口感的面。

朝鲜半岛手打面中的刀切面，就是用刀切的小麦粉做的面。与日本不同，朝鲜半岛没有用面条蘸汁吃的习惯。就吃面方式来看，可以将朝鲜半岛的面分为冷面、温面和拌面。凉凉的冷面要在严寒的时候吃。《韩国料理文化史》（平凡社）中写道："在温度为零下的严寒中吃冷面能体会到醍醐味[1]。这叫作'以冷治冷'，用冷来打败冷，也就是吃冷的食物来战胜寒冷。漫天飞雪，坐在温热的炕上一边暖着身体，一边吃冷得冻牙的冷面，即使五脏六腑冻得如同冰箱，但肚子里却像有习习春风吹过。最近大家变得只在夏天吃冷面了。"热的温面，夏天时用来消暑最合适不过了。刚做好的温面热气腾腾，一口下肚暑气全消；拌面的食材有牛肉、猪肉、刺身、鸡蛋、绿豆芽、梨、栗子、松子、黄瓜、西红柿、苹果、西瓜、葱、萝卜、辣椒、泡菜、芝麻、芝麻油、韩式辣酱（辣椒味噌）、酱油、醋、砂糖和盐等，将这些丰富多彩的食材和调味料混合做成酱汁，和面一起拌匀。在冷面中，以土豆淀粉为主要原料、面条为白色的咸兴冷面最为知名。咸兴冷面也是日本人喜欢吃的面。

---

[1]　指事物真正的乐趣、食物最美的味道。——编者注

在朝鲜半岛，面的调味也是独特的，酱油味、肉味、芝麻味、大豆味等味道的汤区分不同的面。朝鲜半岛的午餐表示简单的饮食，因此这个词的汉字也写作"点心"。因午餐多吃面或馒头，所以也用"面床"来表示白天的饮食。此外，朝鲜半岛的馒头并不都是圆的，里面包的馅有肉、鱼、蔬菜，可以煮或蒸着吃，和中国的饺子很像。将荞麦粉或小麦粉面团擀平擀宽后做成面片，加水就成了片水。小的馒头叫作团子，大的则叫作霜花。

东南亚的面食文化

接下来这节，来说说东南亚的面食。面食随华侨传入东南亚。泰国不栽培小麦，因此泰国人爱吃米做的面。在其他地域，汤面得到了发展，汤面很热，人们为了吃面需要使用筷子。

东南亚的面食文化，就如上一段提到的那样，历史不长。19世纪，切面和挤压面的技术随移居的华侨进入东南亚，其后迅速在各地传播开来。不过即便同是华侨，来自福建、广东等不同地方的华侨所带来的面也各有不同。比如，冲绳荞麦面受福建的影响，泰国、越南受广东潮州影响，马来西亚、新加坡则受福建和广东的影响。

现在的泰国人非常喜欢面食，米粉、粉丝、小麦粉做的面线，或煮、或炒、或炸，浇汁或者不浇汁，再搭配丰富多样的食材一起食用。其中最常吃的是用米粉做的炒粿条。此外泰国还有许多汤面，如巴米（小麦粉做的切面）、凉拌粉丝（生粉丝）、泰式米线（挤压面）、米粉（细面）等。不加汤的面叫作干面，有巴米干面、干拌米粉等。此外，泰国还有叫作脆面的油炸米粉，有类似于日本炒乌冬面的炒粿条等。一旦习惯了独特的鱼酱汁和香菜的风味，对泰国面食也就有了亲切感。

话又说回来，"men"这一词语来源于中文的"面"（指小麦粉）。朝鲜半岛的"mion"和日本的"men"一样，在东南亚虽有例外，但大多读作"mi"或"mi—"。比如，"bakmi"（泰国）、"migoreng""mieayam"（马来西亚、印度尼西亚）、"mami"（菲律宾）。马来西亚槟城的叻沙受到了娘惹饮食的影响。娘惹饮食中融合了中餐、马来西亚、印度尼西亚和泰国饮食的味道。在压出的米粉里加入用竹荚鱼、青花鱼、沙丁鱼、虾、辣椒、酸角熬出的汤，放上鱼、虾和香菜。辣椒的辛味、酸角的酸味和鱼露的鲜味调和出不可思议的味道。咖喱面和叻沙很像，但其不使用酸角，而是用椰奶代替酸角。越南的米粉是越南式的乌冬面。春卷也叫作炸春卷，将粉丝和猪肉、鸡肉、香菇、木耳、洋葱、胡萝卜、大蒜混合在一起，加上肉末，用皮包起来，再稍微过油一炸就做好了。春卷皮也是用米粉做的。在日本有越来越多的人喜欢上这种春卷皮米纸。柬埔寨有粉丝面，缅甸有鱼汤面。

中亚的面食文化

中亚有一种叫作拉条子的面食，非常有名。在用小麦粉做的手拉面条中，拉条子是代表性食物。据说拉条子是从中国传入中亚的。关于中亚地区的面食习惯，《面条文化的起源》中写道："从中亚到西亚，越接近中近东，饮食中面食所占的比重越小，到死海东岸，已经几乎没有吃面食的习惯了。"令人感到诧异的是，印度也没有吃面的传统。

《中国食文化事典》（角川书店）中写道："拉面，可以像用手纺纱一样来回地拉抻面条，也可以双手拉抻面条，让一根变两根，两根变四根，呈倍数增长。维吾尔族人融会贯通了这两种方法，这也可以看作是汉族拉面文化的西进，其与筷子文化一同，从中国本土向西进发，穿过了帕米尔高原，并停留此地不再西行。此外，用手掰的'水团'呈现的是面的另一种形态，这也是维吾尔族家庭中常见的食物。"达斡尔族也会吃加牛奶和羊奶揉的面团做成的面。

可以说，用小麦粉做的拉条子，就是维吾尔族的手工拉面。在小麦粉中加入盐、鸡蛋，混合后揉成面团，拉成绳状，充分醒面后手里涂上一层油，将面拉抻开，拉成乌冬面般粗细，下锅煮熟，筋道有韧性的面就做好了。可以用牛肉、羊肉、西红柿、葱、胡萝卜、辣椒、酸奶、香菜做的汤做成汤面，也可以直接做成炒面。中亚的面食原料有小麦粉、荞麦粉、米粉、豆粉、土豆粉。在蒙古国到中国西藏一带，有很多佛教徒。这些面食，经由去中国西藏朝圣的教徒们传播开来。据说蒙古的面食普及是在明、清时代。在蒙古，将用小麦粉做的食物统称为"面"，有用机器做的干面"goemon"，也有用莜麦做的莜面。

从国民食物到国际化食物

面食是筷子文化圈特有的食物，每个民族都有不同的做法和吃法。为了探究这些差异和特点，我们兜兜转转了一大圈。那么为什么，日本的和式拉面在这些地方被广泛接受了呢？此外，为什么刀叉文化圈的民族也对拉面表现出了兴趣呢？我们暂且先将这些问题搁置一旁，回过头来看看速食拉面。

首先，与和式面食一样，速食拉面最先在日本国内成了国民性食品，我们梳理出了好吃、可以长期保存、方便、便宜、安全放心这五个主要原因。这些也是速食拉面的发明者安藤百福的研发理念。速食拉面捕获了日本人的心，开创了与以往拉面不同的新市场。但是，速食拉面的创作灵感，说到底还是来自战后回国的日本人开的食摊上的拉面。如果速食拉面仅仅是模仿，而没有进行速食化创造，则也不会有这种像做梦一样的发明。安藤在这种"是拉面又不是拉面"的新兴食品的创作中，不断倾注着热情。

让我们重新回顾安藤百福在《摆脱苦境，活于激变的时代中》中的几句话：

① 在有了明确的目标之后就是要有执念。灵感也来自执念。

② 一个一个尝试，再一个一个放弃，开发就是不断追求的过程。

③ 速食食品并不是现代的发明。在传统食物中也有许多具备良好速食性的食物，它们才是开发食品的基础。

④ 做他人未做之事会有更大的收获，将看似不可能的事情做成了便是事业。

安藤百福并不是简单地模仿，而是一切从零开始，在这之中，可以看到他使拉面成为国民性饮食并大获成功的关键因素。

但更进一步说，要使拉面在全世界流行，需要克服交织在文化差异中的各种复杂因素，如气候风土、民族、宗教、历史、饮食习惯等，要找到解决方法是非常困难的。例如，在之前已经提到过的，在手食和刀叉文化圈中缺乏直接接受面食的条件。属于刀叉文化圈的欧美各国没有吃面食的习惯，那里没有筷子也没有装面的大碗，更没有像日本那样在食摊销售的拉面。此外，在这些地域，传统饮食和民族饮食已经形成根基，要打破其固有的饮食文化是近乎不可能的事。

面对这些难题，安藤更加坚定了信念，他认为"味道没有国界。但如果不了解风土、文化的差异，则无法跨越国界。向传统饮食味道靠拢的努力是必须的"。的确，可乐、速溶咖啡，都是战后在全世界范围内流行的饮食文化的具体案例。但这仅是为数不多的成功案例。让日本创造的食品在全世界流行，简直是想都不敢想，这完全没有先例。

安藤到底是如何以及为什么成功的呢？从结果来看（我想到哪儿就说哪儿了），首先，如之前已经述及的，1966年，安藤在美国进行市场调查时看到令人惊讶的一幕，后来受到启发给杯面配上叉子，这样一来，在不使用筷子的地方，人们也有可能开始吃面；其次，将杯子作为商品包装容器的同时，也产生了将其作为烹饪器具和餐具的构思。无论什么时候，无论是谁，只要倒入热水，三分钟后就可以品尝到速食拉面。

除此之外，拉面能够成功进军海外市场，亦有许多技术因素的加持。让我们再次回想一下，当面食从中国传入日本的时候，日本人是如何接受并吸收它们的。笔者将面食文化的发展分为"做法"和"吃法"，做法中的手拉、手打和机器打都是直接从中国吸收并内化的。但需要指出的是，日本用以酱油为主的清淡味道代替颇为油腻的吃面方式，进而形成了其独有的素面、乌冬面、荞麦面。和式拉面也是一样。

如果对速食拉面进军海外这件事进行分析，会发现其仅仅是将中国和日本的立场对调，其向外输出的方法与面食从中国传入日本的方法是完全一样的。换言之，输出的仅仅是三分钟即可把面做好的方法，至于吃法则交给各地的人自己去发挥。如果要说得更严谨一些，整个过程就是在吸收异国新兴系统的同时，坚守本国固有的传统饮食。就好像是日本明治维新时期的肉食解禁宣言一样，人们在接受肉食这样一个新体系的同时，也创作出使用味噌、酱油调味的，具有和风味道的牛肉锅、寿喜烧和搭配着饭一起吃的洋食。

更进一步来说，速食拉面能获得成功的一个原因是加入了鸡肉。安藤曾说，"鸡汤是烹调的基础"，这一点也成为速食拉面在国际上获得成功的关键。此外，安藤还说："如果都使用鸡的贴骨肉，那么就能做出好喝的高汤。仔细思考一下，不论是西方还是东方，鸡汤的味道一直是食物的基础味道。现在回想起来，那个时候我的选择像是完成了一个对真理的实践。"

说到拉面汤头的做法，还有一个小插曲。安藤当时养在后院的鸡，因赶上战后物资不足，所以时不时会被杀了吃掉。某一天，鸡突然狂暴起来，安藤年幼的孩子受到不小的惊吓，连喜欢的鸡肉饭都吃不下了，但用鸡骨汤做的拉面却还是吃得津津有味，据说安藤因此更加坚定了自己的信心。

说句题外话，鸡汤里含有一种叫作软骨素的物质，能够抗衰老，增加细胞活性。但是，在将鸡汤拉面做成杯面时，汤底的味道由鸡肉味的变成了猪肉味的。不过幸运的是，酱油是全球都使用的健康调味料，海外需求也不断增加，更幸运的是，1970年，安藤遇见了铃木三郎助，并在他的帮助下在美国成立了日清基地，巩固了速食拉面进军海外事业的基盘。

《拉面三味》（雄鸡社）中写道："速食面进入了许多国家，在此背景之下，其并没有将日本的味道强加给外界，'出口'和'技术转移'的仅仅是制面技术等方法论的部分，口味还是根据各国的传统进行了本土化改良。亚洲的许多国家都有属于自己的'拉面'，我们知道的是，通过日本速食拉面的技术，这些味道得以重现。"

世界各地是如何接受速食拉面的

那么，不同国家和地区是如何接受速食拉面的呢？在中国大陆，把速食拉面叫作"方便面"，表示立刻就可以吃上的速食面。速食拉面进入中国可以看作是制面技术向面食发源国的反向输出。

韩国也没有发展出像日本拉面一样的面食。但是，韩国有一边吃面一边吃泡菜和饭的习惯。速食拉面从日本传入韩国，被叫作"ramion"。韩国是如何内化速食拉面的呢？通常而言，韩国普通人吃的简餐就是米饭和泡菜，以及各种锅汤。咕嘟咕嘟冒着热气的锅汤，感觉像是放了很多食材的味噌汤。将锅汤进行速食化改造，引入速食拉面并进行普及。如果在日本，这就是韩国的拉面米饭。在味噌风味的炒面中,"泡菜拉面""辣椒面"等受到了欢迎。说到辣酱,其实就是传统的辣椒味噌。在汤和饭里加辣酱是韩国人独有的饮食习惯,他们试着在辣味的速食拉面中加入辣酱,发现完全行得通。

在中国台湾、中国香港地区以及泰国等地,人们也很喜欢吃速食拉面。这些地方有鸡汤面、真空包装的高端菜肴、素食,甚至还有速食米粉和速食粉丝。近来,许多世界一流的酒店也开始在店里摆上当地特色口味的杯面。

速食拉面创造的辉煌成绩

日本速食食品工业协会于1999年公布的资料显示,速食面的全球市场总需求已经增长至一年平均四百三十七亿份,规模巨大。细分来看,日本的消费量为五十四亿份,其余各国中排名前五的分别是中国一百四十八亿份、印度尼西亚八十四亿份、韩国三十八亿份、美国二十七亿份、菲律宾十六亿份,总共约有四十个国家消费速食面。彼时,诞生于日本的速食拉面可谓称霸全球。图23表示的是2000年全球速食拉面的消费量。安藤百福解释道:"拉面是一个独特的样本,它表现了异文化是如何被接受、转化并重新传播的。"

笔者一直以来的观点都是即使民族不同,但食物的基本哲学是相同的。速食拉面是加了许多配菜的面汤。如之前所述及的，世界各国都接受将面食做成速食食品的做法，但在吃法上仍保留了各自的传统，更进一步来说，许多亚洲国家传统的汤面也可以做成速食食品。通过这种形式，将更易接受和内化不同国家的饮食文化。日本面食文化的发展历程，亦不外乎如此。

接下来的一份资料将进一步帮助我们加深对速食拉面创造的辉煌成绩的理解。日本经济新闻社（2000年12月12日）介绍了富士综合研究所一项名为"20世纪影响世界的日本创造"的民意调查结果。排在前十位的是：①速食拉面；②卡拉OK；③移动式便携音乐播放器；④家庭游戏机；⑤光盘；⑥照相机；⑦黑泽明；⑧宝可梦；⑨汽车技术；⑩寿司。该份资料对总排名第一的

图23　全球速食拉面的消费量（2000年）

资料：日清食品提供

速食拉面进行了如下介绍:"诞生于1958年,在亚洲和其他地区广泛传播,1999年度,全球消费量超过四百三十七亿份。作为日常生活中的必备品,获得了所有年龄层人的支持。"

第七章

讲究的味道·让人上瘾的味道

当地拉面的发祥

随着速食拉面的发明，日本拉面从国民食物发展为国际化食物。日本的食物中，经过这样的发展历程走向世界并广泛普及的，除了拉面之外再无其他。这是在战后粮食短缺的境况中，无数先人付出努力，不断积累才取得的成果。在这最后一章里，我们将话题再度回到拉面本身，说一说拉面的另一个魅力，即其讲究的味道、令人上瘾的味道。

正如我们之前屡次提到，日本人尤其喜欢吃拉面。日本到处都有有名的素面、乌冬面、荞麦面和拉面。但在此之中，我注意到了一个不可思议之处——那些拉面店遍地的区域（当然多少可能会有例外），似乎都是在江户时代之前没有发展出素面、乌冬面和荞麦面的地方。

这是为什么呢？素面、乌冬面、荞麦面原本就都是就地取材、地产地销的面食。在不同的地方使用当地的食材，用最合适的方法烹饪，这是一种智慧。用素面的产地举例来说，如在第二章的"手拉素面的发祥"一节中已经述及的那样，江户时代的《毛深草》一书中记载了三轮、久我、冈山、松山等十一个素面名产地。这些产地的地形都是西高东低，分布于西日本一带，其共同特点是可收获优质的小麦，拥有小麦制粉技术，可轻松获取芝麻油和棉籽油，并且冬季严寒，有利于素面的干燥。"关东的荞麦面，关西的乌冬面"也是同样的道理。

然而，在名产拉面的发源地，时常能见到与地产地销不一样的情况。当地拉面的发展与当地食材和烹饪难易度几乎没有什么关系。比如，名产拉面诞生于通商港口附近的华侨居留地，是中国厨师或是最早由从中国撤回的日本人活跃于其中。那些拥有名产拉面的地区的共同特征是，原本都没有有名的乌冬面、荞麦面，但都出现了许多创作欲旺盛的厨师，他们不断地倾注心血进行研发。因此，日本各地都产生了当地有名的拉面，并且这些技艺也流传了下来。九州拉面就是一个好例子，接下来就具体说一说。

讲究的九州拉面

九州拉面受到中国广东和福建面食的影响。例如，相较于鸡骨，九州拉面多用猪骨，面条也较硬。《九州拉面物语》（九州拉面研究会）中详细记载了九州拉面诞生的背景。书中认为，九州拉面的源头在久留米。1937年，来自岛原市的宫本时男在久留米的车站前开了一个食摊，这也是豚骨拉面元祖店"南京千两"的前身。宫本对在横滨中华街中大受欢迎的中国荞麦面很感兴趣，学会了广式面食的制作方法。他做的汤头主要由豚骨熬成，却是清淡澄澈，丝毫不见浓浊。

1946年，博多车站附近已经开始有了许多卖乌冬面的食摊。其中，经营乌冬面食摊的津田茂想到了用白色混浊的豚骨汤头做"中华荞麦面"。这种做法是复刻了他在中国北方吃到的十钱一碗的荞麦面。这种来自中国大陆的面食，逐渐受到博多人的喜爱。由于津田茂店门口的暖帘是红色的，因此店名也叫作"赤帘"。红色是即使在远处看也非常醒目的颜色。这么说来，明治初年的牛锅店门口的旗子也是白底红字，上面写着"御养生牛肉"。

如此一来，九州拉面的源头就发展出了清汤系和白浊汤系。这种情况在1955年迎来了一个转机，那就是海鲜市场从博多迁移到长浜时，新的"长浜拉面"诞生了。为了配合海鲜市场里忙碌的人们，长浜拉面的面做成了容易煮熟的细面，还发展出了"替玉"这种可仅追加面条的服务。

笔者也曾在踏入卖白浊汤系拉面的店里时，被那独特的味道吓到。但是，在多次小心翼翼地尝试之后，这种味道成了让人上瘾的、引诱着人们的不可思议的味道，使人们看见店门口的暖帘就挪不开步子。经过长时间浸泡的猪骨已经没有了血腥味，再加上姜等香料，都极大程度地缓解了其独特的腥臭味。豚骨汤白色混浊的颜色，是骨头中的胶原蛋白乳化后形成的物质的颜色。

《九州拉面物语》中对九州拉面的源头还有如下描述："昭和二十二年（1947年），在博多的'赤帘'成立一年后，久留米也有了白浊豚骨汤。这汤是杉野胜见在一次失败中偶然得到的产物。"杉野的姐夫专门做乌冬面、荞麦面，杉野就利用在战后放松管制的小麦粉，开了一个名为"三九"的中华荞麦面食摊。某一天，杉野熬骨汤熬过了头，熬出了白色混浊的汤，但他却对这浓厚的味道感到惊诧，豚骨白汤由此诞生。昭和三十年（1955

年）时，久留米成立"中华荞麦面中心"，成为九州拉面的发源地。其后，九州拉面在发展变化中不断进行融合，产生了"熊本拉面"。

《超喜欢拉面》（冬树社）一书中写道："九州拉面的白浊汤头，从久留米传到了玉名市，再经由玉名传到了熊本市。昭和二十八年（1953年），熊本境内的白川水系发生重大洪灾，这一年玉名车站前的拉面店广受好评。后来，有人模仿这家拉面店，在熊本开了一家名为'小紫'的店。"昭和四十三年（1968年），熊本拉面命名为"桂花"的拉面店进军东京，其汤头浓厚的味道以及面里加的炸蒜都成了热门话题。

但要说到九州拉面，就不得不提到在被称为拉面王国的鹿儿岛上发生的故事了。战前，道冈津奈在横滨的同爱医院做护士，住院的中国厨师感动于她的细心照料，特意将做拉面的方法作为谢礼教给了她。1947年，回到鹿儿岛的道冈立刻开了一家名为"升屋"的拉面店。卖的面是粗的、不使用碱水的像乌冬面一样白色的手打面，汤头浓厚但清爽。在拉面里放上腌萝卜，也是道冈的女性思维和日本风格的一种结合。道冈也被称为"日本拉面之母"。

之后的鹿儿岛拉面的发展，充满了令人惊诧之处。笔者再次引用《九州拉面物语》书中的叙述："鹿儿岛早已经有吃猪肉的习惯，因此在战后拉面进入鹿儿岛时，很容易就能想象到拉面在这里受到了别处所没有的欢迎。鹿儿岛也是被誉为拥有顶级猪肉的鹿儿岛黑猪的主场。这样的环境也是别处所没有的。"鹿儿岛的风土环境，使得白浊浓稠的汤头并没有花多少时间就成了让人着迷上瘾的味道。

不过，虽然概称为九州拉面，但各个地方拉面的发展历程可谓千差万别，比如宫崎拉面、大牟田拉面、佐贺拉面、长崎拉面等，要说起来真的是没完没了。名店、拉面行家多，也是九州拉面的一个特征。1960年，带汤的棒状拉面出现，这也是九州拉面所独有的。关于这一点，由于涉及的人物众多，在此不再赘述，感兴趣的读者可以阅读《九州拉面物语》。

尽管如此，但北方的北海道和南方的九州，同时发展成了"拉面王国"，从饮食文化史的角度要如何解释这一事实呢？复杂的分析暂且先放到一边。第二次世界大战后，中国南北方的面食传入了日本，可以说，在战后民众贫乏的饮食生活中，这些面食堪为佳肴，它们也因此迅速普及开来。就像前面数次提及的，尤其在粮食极度匮乏的年代，用猪骨长时间熬煮出的汤，对患有营养失调症的普通民众来说，是能给他们带来充足营养的救世主。

当地拉面总览

日本全国到底有多少家拉面店呢？一种说法称有三万五千家，但如果把菜单中有中华荞麦面或拉面的普通餐厅也算上，据说有超过二十万家拉面店。《漫步拉面王国》（光文社）的作者，新横滨拉面博物馆的武内伸从十七岁开始，在二十二年间光顾了两千五百家拉面店，吃了四千五百碗拉面。单纯从数字上来计算的话，即使平均每天吃一碗，也要连吃二十二年，且年中无休。武内伸曾获"拉面王"大赛冠军，是名副其实的拉面爱好者。《漫步拉面王国》中记载了武内伸实地走访全国拉面店的信息。从北到南，依次有旭川拉面→札幌拉面→函馆拉面→米泽拉面→喜多方拉面→白河拉面→飞驒高山拉面→佐野拉面→东京拉面→横滨拉面→京都拉面→和歌山拉面→尾道拉面→广岛拉面→德岛拉面→博多拉面→久留米拉面→熊本拉面→鹿儿岛拉面。**图24**展现了日本拉面的盛况，如游行的队伍一般。表4为日本当地拉面的画像。

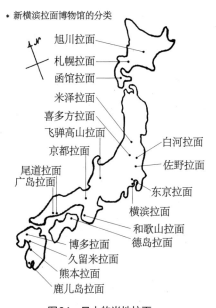

* 新横滨拉面博物馆的分类

旭川拉面
札幌拉面
函馆拉面
米泽拉面
喜多方拉面
飞驒高山拉面
京都拉面
尾道拉面
广岛拉面
白河拉面
佐野拉面
东京拉面
横滨拉面
和歌山拉面
德岛拉面
博多拉面
久留米拉面
熊本拉面
鹿儿岛拉面

图24　日本的当地拉面

资料：《漫步拉面王国》（光文社）

注：本书插图系原文插图

表4 当地拉面的画像

地区	拉面画像
札幌拉面	猪骨、鸡骨、鲣鱼节、杂鱼干、葱、胡萝卜、姜、大蒜、洋葱、苹果 酱油味、味噌味、盐味 极粗的面 叉烧、笋干、鸣门卷、鱼板、豆芽、洋葱、葱花、海苔、煮鸡蛋、黄油、螺类、贝类
函馆拉面	猪骨、鸡骨、洋葱、姜、胡萝卜、昆布、猪背脂 透明澄澈的盐味汤头 柔软的面条 叉烧、笋干、葱花、鱼贝类
旭川拉面	猪骨、鸡骨、鲣鱼节、杂鱼干、昆布、洋葱、胡萝卜 浓厚的酱油味 独特的卷曲的面条，有嚼劲 叉烧、笋干、葱花
喜多方拉面（仅有四万人口却有八十家拉面店）	猪骨、杂鱼干 和式高汤，口味清爽 味噌味、酱油味 较粗的面条 叉烧、鸣门卷、笋干
佐野拉面	小麦的产地，使用日本名水百选之一的优质水 使用干松鱼薄片，朴素的酱油味 用青竹打出的粗面，面条筋道 叉烧、鸣门卷、笋干
东京拉面	猪骨、鸡骨、猪蹄、鹿肉、杂鱼干、昆布、鲣鱼节、鱿鱼干、葱、洋葱、胡萝卜、姜、大蒜 朴素的酱油味 卷曲的面条 叉烧、笋干、鸣门卷、竹轮、菠菜、海苔、煮鸡蛋

185

地区	拉面画像
横滨拉面	猪骨、鸡骨、杂鱼干、葱花、洋葱、姜、昆布 盐味（柳面）→酱油味、清爽干净的汤头 卷曲的面、洗面、叉烧、笋干、菠菜、海苔 横滨独有的"生马面"
飞驒高山 拉面	鲣鱼高汤 清爽澄澈的汤头 细弯面 叉烧、笋干、葱花
京都拉面	猪骨、鸡骨、腱子肉、猪油 醇厚、清爽的味道 极细面 叉烧、笋干、豆芽、葱花
大阪拉面	鸡骨 淡酱油味、盐味 从细面到粗面都有（或许是受到乌冬面的影响） 叉烧、豆芽、葱花
尾道拉面	猪肉末、濑户内海的小鱼、 浓酱油味 中等细度的扁直面 叉烧、笋干、葱花
博多拉面	猪骨、鸡骨、猪油、大蒜、柠檬、卷心菜 白色混浊的浊酱油味汤头 细硬面、替玉 叉烧、红姜、博多葱、木耳、芝麻、海苔
熊本拉面	猪骨、鸡骨、卷心菜 温和醇厚的白色混浊汤头 硬面 叉烧、炒大蒜、葱花、海苔 麻油味

地区	拉面画像
鹿儿岛拉面	猪骨、鸡骨、鲣鱼节、昆布、香菇、干鱼 白色混浊的汤头 爽滑的面条 叉烧、葱花

这样的店才好吃

在众多的拉面店中，到底如何才能找到一家好吃的店呢？我想这堪比一项极难的技术。事实也确实如此。不过，这些让人在门口排长队的热门店，似乎有一些共同点。或许不如说，我们最好远离那些没有客人上门的店。

我将拉面行家会光顾的拉面店的特点总结为如下十条，分别是：①煮面的锅要大，家用的小锅热量不够，煮出的面不好；②煮好的面用捞网捞出；③用小面碗；④附近的拉面店竞争激烈；⑤店的面积不大，最多可能只有十五个座位；⑥菜单简洁明了，没有繁杂的菜品；⑦店主有个性、热衷钻研；⑧尤其讲究叉烧的味道；⑨准备好的分量卖完后就结束营业；⑩家庭经营，或是有个别兼职员工。据说符合上述十条特点的拉面店，味道都不会太差。对那些奔着美味拉面而去的人来说，最好远离那些员工聚在一起聊天以及24小时营业的拉面店。

《拉面之书》（胡麻书房）对好吃的拉面店做了更加具体的描

述。有如下几点：①像百货商场的美食广场那样，菜单里涵盖了从和食、洋食、中餐到面食的各种菜肴；②尽量寻找面积不大，看起来有年头的店；③好吃的店会事无巨细地询问客人的喜好；④选择有吧台的店，吧台可以让客人更方便描述自己的喜好，厨师也可以将面从厨房直接送到客人桌上，同时，客人和厨师也有更多交流的机会；⑤女性客人多的店，美味又实惠；⑥女性喜欢光顾的店，大多干净整洁；⑦拉面店老板有格调、常笑脸相迎，隐藏在暖帘背后的氛围让人自然而然地感受到这是一家好吃的店；⑧店主顽固不化的表情，表示他对自己拉面的味道很有信心；⑨店主冷静稳重，多年积累的经验都刻进了额头的皱纹里；⑩接受客人严苛的评价，有可以轻松克服的神情。

此外，还有如下一些对名店拉面的评价方法：①特别好吃；②很奥妙；③实惠；④各有特色；⑤有很多冷淡、固执的人；⑥做面的人有自己的执着和讲究。将这些条件综合起来，什么样的拉面店好吃，也就自然有了答案。

毕生致力于制作拉面的人

努力经营着当地拉面、私房拉面店的厨师，在日本肯定数不胜数。有一本书挑选了十位厨师，总结描绘了他们倾注在拉面上的热情和他们惊人的生活。这本书就是《热气背后的传说》（新宿书房），一本拉面爱好者必读的书。书中有许多令人大为感动的话语。

拉面师傅们都说，自己全身心投入到拉面中，就是希望让客人品尝到好吃的拉面，客人的一句"好吃"比什么都更让人感到开心。

此外，关于拉面师傅没日没夜工作的辛苦模样，书中这样写道："永远保持稳定出品——这句话说起来简单，但在拉面的世界里却是极为困难的。这也是所有的拉面师傅都面临的考验。拉面本质上就是一种充斥着不稳定因素的食物。比如说做汤头的时候，即使每天用同样分量的食材，味道还是可能会不一样。即使面看起来一样，但做出来的酱汁味道不一样，汤头的味道也会不一样。此外，汤在持续加热的过程中也常会发生变化。如果一开始高汤分量不足，汤的味道在长时间加热之后就会变差。面也是如此。小麦粉本身的质量参差不齐，还容易受温度和湿度的影响。""我觉得做拉面是很简单的，因为基本上只需要一直煮猪骨头而已。但也正因为其简单，所以才很难模仿。猪骨汤容易变质，要在连续熬煮24小时的同时保证口味质量，需要对火候进行极细微的调整。""要做出可以被接受的味道，需要花费两年。不管怎么样，一日三餐都做拉面，不满意了就重头来过，这样的日子要持续很长一段时间。每天都熬（扔）酱汁。"

综上所述，有名的拉面从来都不是一朝一夕的工夫就能做出来的。但是，再苦再累，只要客人的一句"好吃"，就什么也都满足了。那些为拉面奉献了一生的拉面人的巨大魅力，尽数流露在书的字里行间。

在书的后记中，作者垣东充生对隐藏在热汤气背后的拉面师傅做了如下评价："'拉面这种食物，若是对它有执着和追求的话，那是没有尽头的；若是想偷懒的话，也是没有尽头的。'换言之，制作拉面是庞杂'小事'的集合。（中略）我理解了'做好拉面的诀窍，不在于拉面职人纯熟的技术，而在于他们一丝不苟地对待简单小事的认真劲头。'这不是件容易的事。但是，美味拉面店的老板都会说'这不是当然的事吗'。在我看来，这绝不是什么'当然'的事。如果真是这样的话，我想知道对能做出美味拉面的人来说，'繁复困难的操作'怎么就变成了理所当然的事。"制作拉面的蕴奥，和所有的工作都是相通的。

终章

拉面和日本人

拉面和日本人

此前，我们用很长的篇幅对创造日本拉面的日本人的智慧进行了叙述。回想起来，从奈良时代面的祖型唐果子从中国传入日本开始，日本的面食文化已经发展了一千四百年。在此过程中，先人们掌握了手拉、手打、机器打技术，并不断创造出手拉素面、手打乌冬面、手打荞麦面、机器面等。自天武天皇颁布杀生禁断令开始，在很长一段时间内，避讳肉食的日本人选择用味噌和酱油来调味，创造了极为清淡的面食。这是一种被和食化的吃面方式。

之后，日本迎来明治维新，明治天皇颁布肉食解禁宣言，日本人开始逐步接受肉类饮食，其发展结果和面食一样，日本人同样想出了用味噌和酱油调味的牛肉锅和寿喜烧。此外，日本人还从西洋饮食中吸收了可乐饼、炸猪排、咖喱饭等作为和米饭搭配的菜肴。不喜欢吃猪肉的日本人，在一段时间内专注于引进西洋饮食。中式饮食在日本形成潮流，则是在很久以后的大正时代了。

一方面，在经历了长期的闭关锁国后，日本开放了长崎、神户、横滨等通商港口，港口周围则形成了华侨居留地。卖用手拉抻的拉面、用中式菜刀切的柳面的食摊，寄托了居留地华侨们对故乡味道的思念之情。日本人里也出现了对中国面食感兴趣的人。为了迎合喜欢酱油的日本人的口味，开始有了用酱油做的中式面食。面的名称经历了从"南京荞麦面"到"支那荞麦面"的变化。

吹着唢呐卖面的食摊，在普通人里也大受欢迎。明治时代中期，长崎出现了"强棒面"和"炒乌冬面"。明治时代后期，东京首家大众中国荞麦面店开业。大正时代中期，札幌率先使用了"ラーメン"（拉面）这一名称。之后，札幌被称为拉面之城，其发展态势可见一斑。令人颇感兴趣的是，在那之前的厨师，不论在哪儿都以中国人居多，有从中国北方的山东来的，也有从南方的广东来的，来自不同地方的厨师带来了不同的面食

到了昭和时代，日本陷入了长时间的战乱，世态动荡不安。其后虽然战争结束，回归和平，但日本遭遇了未曾有过的粮食危机，营养失衡的人不断出现。从中国大陆回国的日本人带来了中国的饺子和面条。"支那荞麦面"改称为"中华荞麦面"，其富含油脂、醇厚的汤汁，因营养丰富，毫无阻碍地被日本人所接受。从昭和二十年代中后期开始，在针对家庭出版的烹饪书中，开始出现"拉面"这一词汇。

1958年，"速食拉面"被创造出来后，"拉面"这一名称被全国知晓，而这种食物也在各地迅速普及开来。"杯面"出世后，速食拉面在全球流行并被保留了下来。另外，中式面食和食化的改造在日本国内继续进行着，当地拉面和私房拉面呈现出相互竞争的局面，甚至出现了为吃一碗拉面需要排队三四个小时的店。将日本拉面出现前已经发展了一千四百年的面食文化进行简要概括，就是笔者在本节之前所做的事。本书在叙述拉面的魅力和其不可思议之处的同时，也讲述了各种各样的趣闻逸事。

尚未提及的事

写到这里，我注意到还有一些事情落下了，在此我也想稍作叙述。

第一点，看起来是老话重提，那就是"日本拉面到底是什么"？拉面至今没有准确的定义或规格。按照感觉来看，日本拉面由中华面、汤（准确来说是高汤和酱汁）、配菜组成，是中华风的和式面食。但这样说毕竟有些笼统。由于拉面没有统一的定义和规格，自然也就没有所谓的完美拉面，也就是说，即使有更好的拉面，也没有关于最好的拉面的正确答案。因此，厨师们在不停歇地探究顶级拉面的同时，也在追求具有个性的拉面，他们的脑内上演着百人百味的拉面，浮现出食客们满足的神情。拉面，是一个永恒的主题，充满了魅力，没有正解。

第二点，日本拉面的起源。本书中曾多次提及日本拉面的起源。但现在在写终章的时候，我仔细回顾了手头针对家庭出版的烹饪书，有了一个意想不到的发现。从昭和四、五年开始，到战争结束后的第二十二、二十三年左右，这期间的烹饪书中时不时出现"汤荞麦面""清汤中华荞麦面"的名称及其烹饪方法。汤汁为盐味或酱油味，不使用浓厚的猪骨和鸡骨。配菜或没有或仅使用葱花。如果将清汤中华荞麦面视为与日本拉面起源最接近的食物，其与昭和年代初期在札幌咖啡店中流行拉面的这一事实，在时间上并不矛盾。那么，清汤中华荞麦面到底是一种什么样的食物呢？它到底是中国人的普通面食，还是日本人从江户时代的汤荞麦面中得到灵感创造出来的食物呢？

第三点，在江户时代集大成的素面、乌冬面、荞麦面，其面食文化的发展与拉面的创造之间的关系。在第五章的"从日本荞麦面中吸收技术"中，已经对这一问题进行了较为详细的叙述。为了避免重复，在此仅阐述结论，即如果在江户时代没有形成素面、乌冬面、荞麦面这样的面食文化，那么也就无法创造出和食化的拉面了。

第四点，喝过酒之后吃的拉面别有一番风味（笔者常有体验）。亲爱的读者们一定也想到过这点。据说这是因为人在摄入适度的酒精后，脑细胞中糖浓度降低，需要补充糖分。除此之外，还有说法称这是因为猪骨中含有肌苷酸，可以中和酒精。我在生理学理论方面完全是外行，不了解其中发生了什么样的化学变化。但对拉面的不可抗拒的渴望，却是个事实。

第五点，吃拉面的人和做拉面的人都对拉面倾注了很多情感。如果要征集与拉面有关的故事，肯定会收到非常多的投稿。笔者在吃拉面时，脑海中常常浮现出母亲的身影。笔者在八兄弟中排行第五，那时读初中，正是长身体的时候，常常觉得饿得受不了。东京的两国车站附近，开了一家美味的中华荞麦面店。在物资极度匮乏的时期，要养育八个孩子的父母，在生活上是非常节俭的。某一天，母亲对我说"正是长身体的时候，肯定常常饿肚子吧"，于是背着家人带我去车站附近的荞麦面店里吃面。"这世上竟有这么好吃的东西！"这少年时代产生的强烈印象，我到现在也忘不了。那家店，在昭和六年车站重新开发期间被改建为酒店，现在已经不存在了。

21世纪的日本饮食

　　面对如此宏大的主题，我无意对其进行论证，我也并没有这样的见解和洞察力。近来，IT革命让我们进入了一个可以瞬间掌握全球信息的时代。即使要搜寻一碗当地的美味拉面，年轻人也会利用互联网上的各种信息。我想在信息共享方面，这样的做法是可取的。然而，随着全球化程度的进一步加深，在食物领域会出现别的令人担忧的问题。比如说，人们在看到了关于外来珍馐和饮食习惯的信息后，立刻就被吸引，直奔主题，专注于此。曾经风靡一时的椰果、比利时华夫饼、提拉米苏，现在都去哪儿了呢？它们宛如过境的台风，吹完就过了。所以，我想要好好珍惜先人们慢慢花时间做出来的食物。传统饮食、乡土料理、家常菜的味道都是重要的饮食文化。

　　更进一步说，摆脱了战后的饥馑状态，成型于昭和三十年代的营养均衡的日式饮食生活，甚至受到欧美营养学家的关注。那是因为欧美的饮食过度使用脂肪和盐，使那些国家的民众被生活方式病缠上。如今面对全球复杂的饮食文化，我们该如何取舍、吸收并进行本土化改造才好呢？

说到拉面，它在21世纪又该走向何方呢？仅仅用笔者手头的资料，根本无法做出判断。如果一味强调口味，提高品质，那么成本必然会上涨。如果铺开简单便宜的特许加盟连锁店，那么热门店铺也会逐渐消失。当对拉面的讲究开始出现两极分化时，到底哪一边会胜利呢？

笔者希望，无论哪一边获胜，当地拉面和私房拉面都能同时吸收和食与洋食的烹饪技法并进行打磨，不断培育出日本独有的饮食文化，再将它们流传下去。虽然我们身处于饱食时代、一个什么食物都能吃到的时代，但我希望年轻一代能珍惜拉面这种可以连接心灵的魅力食物，这是一种重要的饮食文化。21世纪是从物的时代向心的时代过渡的时代，人们的价值观正发生巨大的变化。让我们再次对创造拉面的先人们以及当今厨师们的坚持和努力表示由衷的敬仰吧！

结语

我在写这本书的过程中，多次光顾在序章中提到的车站附近的北习大胜轩。那里的店主总能回应我的期待。隔了很长一段时间再去，忽然注意到店里的客人分为两种。有的客人在吃完后就会默默离开。但一般情况下，不管年龄和性别，店主会在"多谢款待""谢谢惠顾"这样的简短对话中将客人送出门。店主高亢的嗓门和客人低沉的声音，在一来一往间形成了良好的互动，宛如舞台上著名演员的台词。拉面中或许没有明确的定义，但客人是一边回味着"原来这就是拉面啊！"一边带着愉悦的饱腹感和满足感回家的。

拉面是生活中极为常见的食物，几乎没有人不知道它，也没有人没吃过它。正因如此，当我试着开始与拉面的时候，遇到了很多难题。在资料收集方面，我得到了多方的协助和建议。特别是日清食品的食品图书馆工作的岩佐理加女士，她多次耐心地为我提供资料。此外，我想向给我机会出版此书的筑摩书房新书编辑部的同仁，尤其是不断鞭策、激励我的田野裕子女士，致以衷心的感谢。通过这本小书，如果能让大家更加关注拉面，哪怕能多一个人喜欢上拉面，这对作为吃货的笔者来说，都是无上的喜悦。对为拉面奉献一生的先人们来说，也是对他们所做努力的回报。

拉面在面向家庭的烹饪书中的变迁

年份/著作/出版社	名称	主要材料
明治四十二年（1909年）柴田波三郎《日本家庭适用的中式烹饪法》（日本家庭研究会）	鸡丝面（鸡乌冬面）	鸡蛋乌冬面（卵子餛飩）鸡肉、香菇、笋、菠菜酱油、盐、胡椒
大正二年（1913年）田中宏《田中式猪肉料理二百种》（博文馆）	五目面	乌冬面（餛飩）猪里脊肉、香菇、笋干、鸡蛋、猪油、葱、生姜、虾肉、青扁豆酱油、盐、汤
	盐猪肉汤面	素面盐猪肉、鲣鱼节、味醂、酱油
大正十四年（1925年）的场英编《面向家庭的中式饮食》（大阪割烹学校）	南京荞麦面	荞麦面猪肉、香菇、葱、菠菜、鱼板汤底、芝麻油、味醂、酱油
大正十五年（1926年）山田政平《人人都会做的中式料理》（妇人之友社）	切面	支那荞麦面（日本的乌冬面+碱水）
	净面	仅撒葱花
大正十五年（1926年）小林定美《中式料理和西洋料理》（三进堂）	支那面	小麦粉+盐+碱水（或是洗衣用的苏打）
大正十五年（1926年）小林定美《珍味中式烹饪法》（大文馆书店）	支那面	小麦粉+盐+碱水+片栗粉
	广东面（广东荞麦面）	支那面蟹肉、笋、日本葱、青豆大骨汤、胡椒、酱油

年份/著作/出版社	名称	主要材料
昭和三年（1928年）吉田诚一《美味又实惠的中式饮食做法》（博文馆）	切面	小麦粉、鸡蛋、碱水（中式杂货店里有售）
	拉面	小麦粉、碱水 拉抻面
昭和四年（1929年）《料理相谈》（味之素本铺铃木商店出版社）	支那荞麦面	小麦粉+鸡蛋+碱水+味之素+片栗粉 豚骨（鸡骨肉）汤、酱油、盐、味之素 葱、西洋胡椒
	支那炒荞麦面	支那荞麦面 猪肉、蟹肉、煮鸡蛋、笋、长葱、小麦粉盐、胡椒、味之素、食醋、猪油
	冷荞麦面	煮好的支那面+醋+砂糖+冰 叉烧、黄瓜、腌藠头、笋 冷汤、酱油、醋、胡椒、味之素
昭和四年（1929年）山田政平《四季的中式饮食》（味之素本铺铃木商店出版社）	切面	支那乌冬面（小麦粉+鸡蛋+盐+碱水或苏打）
	净面（清汤荞麦面）	支那乌冬面、葱
昭和五年（1930年）新井兵吾编《西洋料理中式料理》（大日本雄辩会讲谈社）	支那荞麦面（光面）	支那荞麦面 笋、葱 汤、酱油、砂糖、胡椒、酒
昭和八年（1933年）新井兵吾编《简单易做的家庭中式料理三百种》（大日本雄辩会讲谈社）	支那荞麦面	切面（小麦粉+鸡蛋+盐+碱水）

年份/著作/出版社	名称	主要材料
昭和八年（1933年）新井兵吾编《简单易做的家庭中式料理三百种》（大日本雄辩会讲谈社）	清汤荞麦面（净面）	切面 汤、盐、酱油、长葱、胡椒、花椒
	凉拌汤面（日本蒸笼荞麦面风味）	支那荞麦面 火腿、鸡肉、叉烧肉、对虾、香菇、鸡蛋、生菜 汤、盐、酱油、味之素
昭和九年（1934年）新井兵吾编《在家就能做东京大阪名料理》（大日本雄辩会讲谈社）	支那荞麦面（东京/雷正轩）	支那荞麦面 叉烧肉、笋干、葱、紫菜 猪皮骨、鸡骨、酱油
	叉烧面（大阪/阪急食堂）	支那荞麦面 叉烧肉、豆芽、青葱 鸡骨、淡酱油
昭和二十二年（1947年）山田政平《中华料理的一百六十种做法》	切面（中华荞麦面）	小麦粉+盐+苏打（或洗衣用的苏打）+淀粉 ① 面放在汤中→汤面 ② 冷却→凉面 ③ 炒熟→炒面
	净面（清汤中华荞麦面）	中华荞麦面 汤、盐、酱油、葱
	火腿凉面（在冷荞麦面上放火腿）	中华荞麦面 火腿 醋、酱油、砂糖、姜汁
昭和二十五年（1950年）大岛滨子《中国菜》（至诚堂）	汤面	切面（小麦粉+小苏打+盐+鸡蛋+片栗粉） 对虾、去除了辛辣味的白葱、火腿、青菜菜码、辣椒 汤

年份/著作/出版社	名称	主要材料
昭和二十五年（1950年）《西洋料理和中华料理》（主妇之友社）	切面（真正的"中华荞麦面"）	小麦粉+鸡蛋+盐+碱水（或洗衣用的苏打，或小苏打）+浮面（片栗粉） 切面、鸡蛋、片栗粉
	净面［也叫作"拉面"，（清）汤中华荞麦面，味道简单纯粹，是真正的荞麦面党喜欢的食物。］	切面 高汤底料、盐、酱油 在煮好的荞麦面上浇汁、葱、花椒粉
	叉烧面	净面+叉烧
	火腿面	净面+火腿
昭和二十七年（1952年）似内芳重《中华料理独习书》（主妇之友社）	中华荞麦面	切面（小麦粉+鸡蛋+盐+水+片栗粉）
	拉面	中华荞麦面 笋、葱、海苔、生姜 高汤底料、盐、胡椒
	叉烧面	中华荞麦面 叉烧肉、豌豆角、葱、生姜 高汤底料、酱油、盐、砂糖、胡椒
	冷荞麦面（凉拌汤面）	火腿、对虾、鸡蛋、笋、葱、香菇、豌豆角 高汤底料、醋、酱油、砂糖、盐、胡椒
昭和二十七年（1952年）《冬季副食千种》（主妇之友社）	长崎强棒面	香菇、豆芽、鸣门卷、豌豆角、干贝、对虾、大蒜、生姜、鸡蛋丝 泡香菇的水、猪油、盐、胡椒、片栗粉

年份/著作/出版社	名称	主要材料
昭和二十七年（1952年）《冬季副食千种》（主妇之友社）	皿乌冬面	蒸中华荞麦面 用料和长崎强棒面相同
昭和三十四年（1959年）住江金之编《国际料理全书》（白桃书房）	切面	中华鸡蛋荞麦面（小麦粉＋盐＋小苏打＋鸡蛋＋片栗粉）
	ラーメン（柳面）	鸡蛋荞麦面 中式笋、猪油、葱、汤（酱汁）、酱油、味之素、胡椒
	叉烧面（加了叉烧肉的荞麦面）	拉面 叉烧肉、中式笋、青菜菜码
昭和三十五年（1960年）《家庭中国料理独习书》（同志社）	中华荞麦面	小麦粉＋碱水（或小苏打）＋鸡蛋＋片栗粉
	ラーメン（拉面）	中华荞麦面 猪肋骨肉、卷心菜、生姜、鸡蛋、烤紫菜、酱汁、酒、芝麻油、猪油、调味料
	叉烧面	中华荞麦面、猪腿肉、汤、鸡骨、干松鱼薄片、葱、生姜、酒、食用红粉、猪油、调味料
昭和四十二年（1967年）御厨良子《家庭料理入门》（大和书房）	① 汁乌冬面	
	ラーメン（拉面）	中华生荞麦面 叉烧、鸣门卷、菠菜
	叉烧面	中华生荞麦面 汤、葱、生姜、酱油、芝麻油、胡椒、味之素
	五目荞麦面	猪肉、笋、香菇、白菜、葱、油、对虾、煮鸡蛋、豌豆角、高汤底料、盐、酱油、胡椒、味之素

年份 / 著作 / 出版社	名称		主要材料
昭和四十二年（1967年）御厨良子《家庭料理入门》（大和书房）	② 冷荞麦面		中华生荞麦面 叉烧肉、火腿、鸡蛋、黄瓜、寒天丝 汤、酱油、盐、醋、砂糖、味之素、芥末、葱、红姜、白芝麻
	③ 炒荞麦面		
		软炒荞麦面	中华蒸荞麦面 猪肉、笋、洋葱、胡萝卜、香菇、豌豆角、生姜 猪油、芝麻油、酱油、砂糖、胡椒、味之素
		硬炒荞麦面	中华蒸荞麦面 猪肉、笋、圆白菜、香菇、黄瓜、葱、生姜 猪油、芝麻油、酱油、酒、盐、胡椒、味之素、片栗粉

拉面年表

明治五年（1872年）左右	在横滨的华侨居留地里出现了卖柳面的食摊
明治十二年（1879年）	中式餐饮店"永和"在东京筑地开张
明治十六年（1883年）	中式餐饮店"偕乐园""陶陶亭"在东京开张
明治三十二年（1899年）	陈平顺在长崎创造了长崎强棒面、炒乌冬面
明治三十三年（1900年）	长谷川伸在横滨的居留地中，被"捞面"的魅力所俘获
明治四十三年（1910年）	大众中国荞麦面店的元祖"来来轩"在东京的浅草公园开张
大正二年（1913年）	田中宏出版了《田中式猪肉料理二百种》
大正七年（1918年）	《海军主计兵调理术教科书》中记录了五色炒面、虾仁面的做法
大正十一年（1922年）	"竹家食堂"在札幌的北海道大学门口开张
大正十二年（1923年）	关东地震后，食摊形式的中国荞麦面店流行起来
大正十四年（1925年）	潘钦星在福岛的喜多方市开设中国荞麦面店"源来轩"
大正十五年（1926年）	山田政平出版《人人都会做的中式料理》，发行了多版
大正年间	形成中式饮食潮
昭和三年（1928年）	大东京中国荞麦制造零售协会成立（中国荞麦面店四百四十四家／一碗十钱）
	吉田诚一出版《美味又实惠的中式饮食的做法》

昭和四年（1929年）	《料理相谈》中首次出现"支那荞麦"
昭和四年左右	在针对家庭出版的烹饪书中，开始出现"清汤中华荞麦面"的做法
昭和五年左右	札幌的咖啡厅中流行拉面
昭和十二年（1937年）	宫本时男在久留米车站前开设了中国荞麦食摊，即后来的"南京千两"
	日本陆军的《军队调理法》中记录了煮火腿、盐猪肉的做法
昭和二十年（1945年）	从中国陆续回到日本的人带来了中华荞麦面和饺子
昭和二十一年（1946年）	津田茂在博多车站前开设了中华荞麦面食摊"赤帝"
昭和二十二年（1947年）	道冈ツナ在鹿儿岛开设中华荞麦面店"のぼる屋"
昭和二十三年（1948年）	大宫守人在其开设的"味之三平"中，在拉面里放入了豆芽
昭和二十五年（1950年）	《西洋料理和中华料理》中首次出现"ラーメン"一词
昭和二十九年（1954年）	花森安治的文章"札幌——拉面之城"受到好评
昭和三十年（1955年）	博多的长滨拉面诞生，并发展出了"替玉"这一方式
	大宫守人创造了"味噌拉面"
昭和三十三年（1958年）	安藤百福开发出"速食拉面"，拉开了速食食品时代的序幕
昭和三十五年（1960年）左右	形成速食面潮流

昭和四十年（1965年）	高岛屋（东京、大阪）的北海道物产展中介绍了"札幌拉面"
昭和四十六年（1971年）	安藤百福创造出的划时代的新产品"杯面"，速食拉面开始从国民食物跃升为国际性食物
昭和五十二年（1977年）	蘸面潮流开始兴起
平成六年（1994年）	新横滨拉面博物馆开馆
平成九年（1997年）	世界拉面协会成立

参考文献

拉面

［1］秀平武男編：《即席ラーメン》，日本食糧新聞社，1964年。

［2］大門八郎：《ラーメンの本》，ごま書房，1975年。

［3］柴田書店出版部編：《中華めん》，柴田書店，1975年。

［4］日本食糧新聞社編：《新即席めん入門》，日本セルフ・サービス協会，1981年。

［5］林家木久蔵：《なるほどザ・ラーメン》，かんき出版，1981年。

［6］東海林さだお：《ラーメン大好き》，冬樹社，1982年。

［7］奥山伸：《たかがラーメン、されどラーメン》，主婦の友社，1982年。

［8］全日本ラーメン同好会：《ラーメンの本★人生を10倍たのしくする》，双葉社，1982年。

［9］日本ラーメン研究会編：《ラーメン　ミニ博物館》，東洋経済新聞報社，1985年。

［10］林家木久蔵：《木久蔵のラーメン塾》，三修社，1985年。

［11］嵐山光三郎：《インスタントラーメン読本》，新潮社，1985年。

［12］エーシーシー編：《めんづくり味づくり明星食品の30年の歩み》，明星食品，1986年。

［13］北海道新聞社編：《さっぽろラーメンの本》，北海道新聞社，1986年。

［14］森枝卓士：《全アジア麺類大全》，旺文社，1986年。

［15］小菅桂子:《にっぽんラーメン物語》，駸々堂出版社，1987年。

［16］朝日ソノラマ編:《インスタント・ラーメン30年驚異の年間46億食》，朝日ソノラマ，1987年。

［17］雁屋哲:《美味しんぼの食卓》，角川書店，1987年。

［18］麺's CLUB編:《ベストオブラーメン》，文藝春秋，1989年。

［19］井口弘哉:《究極の3分間ラーメン党大集合》，双葉社，1989年。

［20］森枝卓士:《アジア・ラーメン紀行》，徳間書店，1990年。

［21］コピー食品研究会編:《ラーメンの秘密》，三一書房，1991年。

［22］森枝卓士:《ラーメン三昧》，雄鶏社，1991年。

［23］全日本ラーメン学会:《ラーメン　味にこだわる雑学》，勁文社，1993年。

［24］越智宏倫:《ラーメンの底力　スープと麺は若さの素》，講談社，1994年。

［25］北海道新聞社編:《これが札幌ラーメンだ》，北海道新聞社，1994年。

［26］ラーメン伝説継承会編:《ラーメン伝説、あるいはラーメンの噂》，星雲社，1994年。

［27］ラーメン研究会編:《ラーメン大研究》，サンドケー出版，1994年。

［28］武内伸:《超凄いラーメン》，潮出版社，1996年。

［29］飯田橋ラーメン研究会編:《日本ラーメン大全》，光文社，1997年。

［30］日本食糧新聞社編:《新・即席めん入門》，日本セルフ・サービス協会，1998年。

［31］安藤百福監修/奥村彪生:《ラーメンのルーツを探る　進化する麺食文化》，フーディアム・コミュニケーション，1998年。

［32］安達さとこ他編：《ラーメン　ミニアックス》，アスペクト，
　　　1998年。

［33］原達郎：《九州ラーメン物語》，九州ラーメン研究会，1998年。

［34］武内伸：《ラーメン王国の歩き方》，光文社，1999年。

［35］奥山忠政：《ラーメンの文化経済学》，芙蓉書房出版，2000年。

［36］垣東充生：《湯気のむこうの伝説》，新宿書房，2000年。

［37］石神秀幸：《21世紀ラーメン伝説》，双歯社，2000年。

［38］永瀬正人編：《麺料理　第2集　ラーメン特集》，旭屋出版，
　　　2000年。

［39］インスタントラーメン発明記念館編：《インスタントラーメン発明
　　　物語》，インスタとラーメン発明記念館，2000年。

［40］藤井雅彦：《マジうま! 史上最強! 21世紀ラーメン》，ぴあ，
　　　2001年。

［41］柴田書房編：《月刊食堂特集ラーメン戦争・勝者の条件》3月号，
　　　柴田書房，2001年。

相关文献

［42］冨山房編：《日本家庭大百科事彙 第三巻》，冨山房，1930年。

［43］大谷光瑞：《食》，大乗社東京支部，1952年。

［44］平山蘆江：《東京おぼえ帳》，住吉書店，1952年。

［45］長谷川伸：《自伝随筆　新コ半代記》，宝文館，1956年。

［46］《週刊朝日》1月17日号，朝日新聞社，1954年。

［47］大橋鎮子編：《暮らしの手帳　第32号》，暮らしの手帖社，
　　　1955年。

［48］加藤秀俊：《明治・大正・昭和世相史》，社会思想社，1967年。

［49］植原路郎：《明治語典》，桃源社，1970年。

［50］昭和女子大学食物学研究室：《近代日本食物史》，近代文化研究室，1971年。

［51］足立勇他：《日本食物史（上）》，雄山閣，1973年。

［52］茂出木心護：《洋食や》，中央公論社，1973年。

［53］茂出木心護：《たいめいけんよもやま噺》，文化出版局，1977年。

［54］池波正太郎：《散歩のとき何か食べたくなって》，平凡社，1977年。

［55］田辺聖子：《ラーメン煮えたもご存じない》，新潮社，1979年。

［56］小島政二郎：《天下一品　食いしん坊の記録》，光文社，1978年。

［57］日本風俗史学会編：《日本風俗史事典》，弘文社，1979年。

［58］深場久：《四海楼物語》，西日本新聞社，1979年。

［59］小田聞多：《めんの本》，食品産業新聞社，1980年。

［60］日本食糧新聞社編：《新・即席めん入門》，日本食糧新聞社，1981年。

［61］西園寺公一：《蟹の脚が痒くなる季節》，講談社，1981年。

［62］寺尾善雄：《中国伝来物語》，河出書房新社，1982年。

［63］《軍隊調理法　復刻版》，講談社，1982年。

［64］鄭大聲：《朝鮮の食べもの》，筑地書房，1984年。

［65］星野龍夫：《食は東南アジアにあり》，弘文堂，1984年。

［66］邱永漢：《食指が動く》，日本経済新聞社，1984年。

［67］札幌市教育委員会文化資料室編：《さっぽろ文庫31 札幌食物誌》，北海道新聞社，1984年。

［68］安藤百福編：《食足世平　日本の味探訪》，講談社，1985年。

［69］丁秀山：《丁さんの食談——中国料理のおいしい話と作り方》，筑摩書房，1986年。

［70］コア編集部編：《食のエッセイ珠玉の80選》，コア出版，1986年。

［71］味の素食文化史料室編：《食文化に関する用語彙〈麺類〉》，味の素食文化史料室，1986年。

［72］槙浩史：《韓国名菜のがたり》，鎌倉書房，1987年。

［73］まぶい組編著：《波打つ心の沖縄そば》，沖縄出版，1987年。

［74］田中静一：《一衣帯水　中国料理伝来史》，柴田書房，1987年。

［75］下中弘編：《世界大百科事典》，平凡社，1988年。

［76］前川健一：《東南アジアの日常茶飯》，弘文堂，1988年。

［77］安藤百福：《麺ロードを行く》，講談社，1988年。

［78］有賀徹夫：《日本大百科全書》，小学館，1988年。

［79］韓品惠：《韓国料理》，旭屋出版，1989年。

［80］石毛直道：《面談たべもの誌》，文藝春秋，1989年。

［81］石毛直道他編：《食の文化シンポジウム　昭和の食》，ドメス出版，1989年。

［82］NHK取材班：《人間は何を食べてきたか　麺・イモ・茶》，日本放送出版協会，1990年。

［83］尾辻克彦：《ぱくぱく辞典》，中央公論社，1991年。

［84］石毛直道：《文化麺類学ことはじめ》，フーディアム・コミュニケーション，1991年。

［85］村松友視：《昭和生活文化年代誌　40年代》，TOTO出版，1991年。

［86］安藤百福：《苦境からの脱出　激変の時代を生きる》，フーディアム・コミュニケーション，1992年。

［87］日本経済新聞社編：《徹底分析長生き商品の秘密》，日本経済新聞社，1992年。

［88］吉成勇：《歴史読本特別増刊・事典シリーズ〈第17号〉たべもの日本史総覧》，新人物往来社，1992年。

［89］小菅桂子：《水戸黄門の食卓》，中央公論社，1992年。

［90］日清食品編：《食足世平　日清食品社史》，日清食品，1992年。

［91］日本経済新聞社編：《九州この土地あるの味》，日本経済新聞社，1993年。

［92］岡田哲：《コムギ粉の食文化史》，朝倉書店，1993年。

［93］周達生：《中国食探検　食の文化人類学》，平凡社，1994年。

［94］石毛直道：《文化麺類学　麺談》，フーディアム・コミュニケーション，1994年。

［95］尹瑞石：《韓国の食文化》，ドメス出版，1995年。

［96］中村喬：《中国の食譜》，平凡社，1995年。

［97］石毛直道：《食の文化地理　舌のフィールドワーク》，朝日新聞社，1995年。

［98］塚田孝雄：《食悦奇譚——東西味の五千年》，時事通信社，1995年。

［99］岡田哲：《日本の味探究事典》，東京堂出版，1996年。

［100］根浸清：《東南アジア丸かじり》，ダイヤモンド社，1996年。

［101］石川文康：《そば打ちの哲学》，筑摩書房，1996年。

［102］菅原一孝：《横浜中華街探検》，講談社，1996年。

［103］張競：《中華料理の文化史》，筑摩書房，1997年。

［104］小菅桂子：《近代日本食文化年表》，雄山閣，1997年。

［105］鄭大聲他：《韓国家庭料理入門》，農山漁村文化協会，1998年。

［106］読売新聞社横浜支局：《横浜中華街物語》，アドア出版，1998年。

［107］岡田哲：《コムギ粉料理探究事典》，東京堂出版，1999年。

［108］嵐山光三郎：《文人悪食》，新潮社，2000年。

［109］岡田哲：《コムギの食文化を知る事典》，東京堂出版，2001年。